高等院校土建类专业"互联网+"创新规划教材

BIM技术原理及应用

主　编　张　泳

副主编　付　君　叶　青　祁神军

北京大学出版社

PEKING UNIVERSITY PRESS

内 容 简 介

本书以 BIM 技术为对象,详细介绍了 BIM 技术的基本概念、原理及其在工程中的应用。 全书内容分为 4 部分共 9 章,第 1 部分"BIM 基础"包括第 1~3 章,主要介绍了 BIM 的基本概念、其在建设工程全生命周期中的应用,以及主要的解决方案、技术。 第 2 部分"BIM 建模"包括第 4~6 章,该部分以 Autodesk Revit 为对象,介绍了如何运用 BIM 领域中应用最广泛的 Revit 开展项目建模工作,以教学案例贯穿各章节。 第 3 部分 "BIM 模型应用"包括第 7、8 章,介绍了如何运用 Revit 及 Navisworks 对 BIM 模型进行深度应用。 第 4 部分"BIM 实施的规划与控制"包括第 9 章,介绍了如何保障 BIM 技术应用工作的顺利开展,并结合典型案例进行了深入的分析。

本书注重理论联系实际,内容系统全面,精选实用教学案例和实战操作,可读性强,并且综合运用多种信息呈现手段辅助读者理解和掌握,在注重 BIM 基础知识传授的同时更关注工程实践运用能力的培养。

本书内容覆盖目前国内大部分专业本科 BIM 课程的教学范围,并结合 Autodesk Revit 的强大功能进行了很好的扩展。本书可以用作高校土木工程、工程管理等专业本科生、研究生的 BIM 课程教材。同时,也可以供工程建设领域从事设计、施工、咨询、管理等工作的工程技术人员及相关的 BIM 技术研究人员作为参考用书。

图书在版编目(CIP)数据

BIM 技术原理及应用/张泳主编. —北京:北京大学出版社,2020.6
北大版·高等院校土建类专业"互联网+"创新规划教材
ISBN 978 - 7 - 301 - 31327 - 5

Ⅰ. ①B… Ⅱ. ①张… Ⅲ. ①建筑设计—计算机辅助设计—应用软件—高等学校—教材 Ⅳ. ①TU201. 4

中国版本图书馆 CIP 数据核字(2020)第 093012 号

书 名	BIM 技术原理及应用
	BIM JISHU YUANLI JI YINGYONG
著作责任者	张 泳 主编
策 划 编 辑	吴 迪 卢 东
责 任 编 辑	吴 迪
数 字 编 辑	蒙俞材
标 准 书 号	ISBN 978 - 7 - 301 - 31327 - 5
出 版 发 行	北京大学出版社
地 址	北京市海淀区成府路 205 号 100871
网 址	http://www. pup. cn 新浪微博:@ 北京大学出版社
电 子 邮 箱	编辑部 pup6@ pup. cn 总编室 zpup@ pup. cn
电 话	邮购部 010 - 62752015 发行部 010 - 62750672 编辑部 010 - 62750667
印 刷 者	北京溢漾印刷有限公司
经 销 者	新华书店
	787 毫米×1092 毫米 16 开本 14. 25 印张 342 千字
	2020 年 6 月第 1 版 2024 年 1 月第 5 次印刷
定 价	42. 00 元

前言

作为信息技术和传统行业结合的产物，建筑信息模型（BIM）技术正在对建筑业产生着巨大的影响。由于具备可视化、协调性、完备性、关联性和互可操作性等特点，应用 BIM 技术可以使信息在整个建设项目全生命周期实现无损耗传递及无障碍的沟通，进而实现建设工程项目生产效率的提升、建筑质量的提高、工期的缩短以及生产成本的大幅度降低。

我国的 BIM 技术推广应用工作正在如火如荼地开展，而 BIM 技术的普及应用需要相关的专业技术、管理人员具备足够的知识和能力。对于工程建设领域的技术、管理人员而言，BIM 技术都是必须掌握的技能。同时，在国家鼓励创新创业的大环境下，BIM 也是面向未来的行业创新创业的重要领域。

本书共分为 9 章。第 1 章为 BIM 概述，主要介绍了 BIM 的概念及发展演化过程、应用价值、目前的应用现状及其未来的发展趋势。第 2 章介绍了 BIM 在建设项目全生命周期各阶段的应用。第 3 章介绍了主要的 BIM 解决方案、BIM 与新技术的结合应用。第 4 章介绍了 Revit 的基本情况、操作的方法以及建模流程。第 5 章结合教学案例项目，系统地介绍了如何运用 Revit 建立项目的建筑模型。第 6 章介绍了如何建立项目的结构模型。第 7 章介绍了如何基于 Revit 所建立的模型，进行模型的深度应用。第 8 章在介绍了 Navisworks 的基础上，叙述了如何在 Navisworks 中开展 BIM 模型浏览、冲突检测、4D 模拟等工作。第 9 章介绍了在 BIM 的企业级和项目级应用中，如何开展相应的过程管理与控制工作。

作为 BIM 技术基础及应用教材，本书以 BIM 技术为对象，在详细介绍了 BIM 的基本理论、建设项目全生命周期应用及相应解决方案的基础上，以教学案例项目为主线，串接起相关的各个章节，从实践应用的角度出发介绍了如何运用 Autodesk Revit 和 Navisworks 进行项目的建模及模型应用。此外，结合具体典型案例，详细论述了如何在企业级、项目级等各个不同层次，对 BIM 应用过程进行有效的管控。全书的内容系统全面，编排合理，各个部分之间密切关联，循序渐进，注重理论联系实际；同时，还运用了全方位、多层次的信息呈现方式，构建了立体化的教学资源体系，基于"互联网＋"的手段，提供了 80 个学习视频，涵盖了知识拓展、理论阐释及操作步骤讲解等在内的丰富的学习内容。通过学习，既能使读者充分了解 BIM 技术的相关基本理论，又能具备建模及模型应用的实际操作能力。本书还提供配套的课程思政教学方案供任课老师参考。

本书编写团队长期从事 BIM 领域的教学、科研及工程应用工作，具备扎实的理论基础和丰富的工程经验。全书由张泳担任主编，付君、叶青、祁神军担任副主编，张泳负责全书的总体策划、构思。编写过程中的具体分工为：张泳编写第 1、2、3、4 章，付君编写 5、6 章，叶青编写第 7、8 章，祁神军编写第 9 章，由张泳负责最后的全书统稿工作。华侨大学的研究生及本科生陈嘉清、朱武、贾宁、陈志鹏、夏士莲等为本书的完成做出了很大贡献，在此一并表示感谢。

本书的顺利出版与多方面的支持密不可分。特别是厦门特房建工集团有限公司给予了大力的支持，集团 BIM 中心的郑志惠主任提出了很多宝贵的意见和建议，对编写工作的顺利开展起到了重要的作用，在此特别表示感谢。

本书在编写过程中，参考了大量的教材、专著、论文、规范、标准、政策文件等资料，对这些文献、资料的作者表示由衷的敬意和感谢！

BIM 技术的推广和应用正处于一个快速发展变化的时期。特别是近年来，以大数据、AI（人工智能）、IoT（物联网）等为代表的新技术已经或正在对 BIM 产生重大的影响，BIM 技术也许正处于新的突破的前夜。希望本书能起到抛砖引玉的作用，为 BIM 技术的推广与发展起到一定的作用。

由于 BIM 所涉及的问题比较复杂，加上编者水平有限，书中难免存在诸多不足之处，敬请广大读者批评指正。

编　者
2020 年 1 月

【资源索引】　　　　【课程思政元素】

目 录

第一篇　BIM 基础

第二篇　BIM 建模

第三篇 BIM 模型应用

第四篇 BIM 实施的规划与控制

第一篇

BIM基础

第1章
BIM概述

本章要点

（1）BIM 的概念及发展演化过程。

（2）BIM 的应用价值。

（3）我国 BIM 推广应用的过程及现状。

（4）BIM 未来的发展趋势。

学习目标

（1）掌握 BIM 的概念及其内涵。

（2）熟悉 BIM 的实用价值及未来发展趋势。

（3）了解 BIM 概念产生和发展的过程，以及我国 BIM 推广应用的过程和现状。

【BIM的概念】

1.1 BIM 的概念及由来

随着人类社会信息化时代的到来，信息技术对社会方方面面正在产生着深刻的影响。作为人类社会最古老的行业之一的建筑业，也受到其广泛的影响。近年来，建筑信息模型（Building Information Modeling，BIM）在业界得到了广泛的推广和应用，产生了巨大的经济效益和社会效益。

BIM 是伴随着以计算机为核心的信息技术在建筑业的逐步应用而发展起来的一个概念。其最早可以追溯到 20 世纪 70 年代。1975 年，当时是一名博士研究生、现为佐治亚理工学院（Georgia Institute of Technology）教授的 Chuck Eastman 在其研究的课题"Building Description System"中提出"a computer-based description of a building"的概念，以便于实现建筑工程的可视化和量化分析，提高工程建设效率。但是，由于软件及硬件条件的限制，当时的工作只局限于在概念上进行讨论，没有相应的实现方案。

进入 20 世纪 80～90 年代，随着计算机技术的发展，建筑业也产生了很多与 BIM 类似的概念，如集成建筑模型（Integrated Building Model，IBM）、虚拟建筑模型（Virtual Building Model，VBM）等。直到 2002 年，在 Autodesk 公司所发布的名为 *Building In-*

formation Modeling 的白皮书（White Paper）中正式提出了 BIM 的概念，由此开始，BIM 一词开始为世人所接受。

在中文环境中，BIM 被统称为"建筑信息模型"，作为英文单词的缩写，其常见的对应名词有 Building Information Model（s）、Building Information Modeling 和 Building Information Management 等。虽然这几个名词的缩写相同，但是其内涵和侧重点却有着较大的差别，同时，这几个名词出现的过程也充分反映了业界对 BIM 认识是一个逐步深化的过程。

在 2002 年出版的 Autodesk 白皮书中，只是给出了 Building Information Modeling 的特点而没有给出其明确的定义，白皮书认为 Building Information Modeling 的解决方案应该具备三个特点：① 为了协同而创建的操作数字化的数据库；② 管理整个数据库且能使得数据库中某一处的变化可以很快地协同到数据库其他部分；③ 获得和保存信息以供其他的行业软件重复使用。[①]

2004 年，Autodesk 公司发布了一部官方教材 *Building Information Modeling with Autodesk Revit*，在这部教材中，将 Building Information Modeling 明确定义为"建筑信息建模（BIM）是在建筑和基础设施的规划、设计和施工中使用智能 3D 模型进行设计和协作的过程"。

随着时间的推移，有的研究者认为 BIM 不仅仅是 Building Information Modeling。如 2006 年，美国国家建筑科学研究院（National Institute of Building Science）下设的设施信息委员会（Facility Information Council）定义 BIM 为"一个在开放工业标准下的对设施的物理和功能特征以及项目生命周期信息的可计算的形式表现，以期实现更好的项目价值"。而其使用的名词是 Building Information Model。

美国总承包商协会（Associated General Contractors of America）在其出版的《承包商 BIM 应用导引》（*The Contractor's Guide of BIM*）中定义 Building Information Model 为"一个数据丰富、面向对象、智能化和参数化的设施数字表示，从中可以提取和分析适合不同用户需求的视图和数据，从而生成可以用于制定决策并改进交付的过程"。同时，其也认为 Building Information Modeling 是"开发和使用计算机软件模型来模拟建筑和设施的运作。"而 Building Information Model 是 Building Information Modeling 所产生的结果。

2007 年，《美国国家建筑信息模型标准（NBIMS）》第一版正式颁布，标准中同时给出了 Building Information Model 和 Building Information Modeling 的定义。其认为 Building Information Model 是"设施的物理和功能特性的一种数字化表达。因此，其从设施的生命周期开始形成可靠的决策技术信息的共享知识资源"。Building Information Modeling 是"一个建立设施电子模型的行为，其目标为可视化、工程分析、冲突分析、规范标准检查、工程造价、竣工产品、预算编制和其他多种用途"。另外，在该文件中，还非常精辟地分析了与 BIM 有关的相关概念之间的关系："BIM……无论是指一个产品——Building Information Model（设施数据集），还是一个活动——Building Information Modeling（创

---

① 原文为（1）They create and operate on digital databases for collaboration.（2）They manage change throughout those databases so that a change to any part of the database is coordinated in all other parts.（3）They capture and preserve information for reuse by additional industry-specific applications.

建和运用模型的行为），或者是一个系统——Building Information Management（提高工作和沟通的质量、效率的业务结构），都是减少浪费、为项目增值、减少环境污染、提升使用者使用性能的关键因素。"

我国对 BIM 的相关研究也非常重视。2007 年，原建设部标准定额研究所发布了行业标准 JG/T 198—2007《建筑对象数字化定义》，其中定义 Building Information Model 为"建筑信息完整协调的数据组织，便于计算机应用程序进行访问、修改或添加。这些信息包括按照开放工业标准表达的建筑设施的物理和功能特点以及相关的项目或生命周期信息"。

2015 年 6 月，住房和城乡建设部下发了《关于推进建筑信息模型应用的指导意见》。在这一被视为我国 BIM 应用和推广领域的顶层设计的文件中，定义 Building Information Modeling 是"在计算机辅助设计（CAD）等技术基础上发展起来的多维模型信息集成技术，是对建筑工程物理特征和功能特性信息的数字化承载和可视化表达"。

目前，国内较为权威的定义来自住建部 2016 年 12 月颁布，2017 年 7 月开始实施的《建筑信息模型应用统一标准》（GB/T 51212—2016）。其中定义 BIM（Building Information Modeling，Building Information Model）为"在建设工程及设施全生命周期内，对其物理和功能特征进行数字化表达，并依此设计、施工和运维的过程和结果的总称，简称模型"。

通过以上的分析可以发现，我国对 BIM 的认识可以分为三个层面。

① BIM 不是一个单一的概念，其包含了多个相互关联的概念（缩写均为 BIM）而构成了一个综合的体系。在这个体系中，信息是核心，正是信息将这些概念串联起来，形成一个整体。

② Building Information Model（BIM）是对设施物理和功能特征的数字化表达，是设施数字化的信息模型，是信息共享的基础，简称为 BIM 模型。Building Information Modeling（BIM）是基于开放工业标准及软件的互可操作性，项目相关方对设施信息模型进行创建、利用、维护、更新、复用的过程，简称为 BIM 建模。Building Information Management（BIM）创建并维护一个透明、可复用、可核查、可持续的协同工作环境，在这个环境中，项目相关方可以做到信息共享、工作协同，通过相关分析获取信息，提高工作质量，使项目得到有效管理，简称为建筑信息管理。

③ 在以上的三个 BIM 概念中，BIM 建模是核心，其体现了 BIM 的核心价值。BIM 模型是基础，而建筑信息管理是保障和支撑。

1.2 BIM 的应用价值

【BIM的应用价值】

从诞生那一天起，BIM 就引起了广泛的重视，并产生了巨大的应用价值。由于其所具备的可视化、协调性、完备性、关联性和互可操作性的特点，可以使信息在整个建设项目全生命周期实现无损耗传递及无障碍沟通，使得建设工程的质量和效率得到明显提升，而成本则大大降低。综合相关的资料，目前 BIM 的应用价值主要体现在以下几个方面。

1. 可视化沟通

BIM 可以创建一个可视化的工作环境，利用这个环境，可以使建设项目各阶段各个参与方的交流变得非常顺畅和方便。在设计阶段，设计人员通过3D的设计表达，可以更充分地表达设计意图，与其他方面沟通。在招投标阶段，BIM可以大大提升技术标的展示效果，更好地展示施工方案。在施工阶段，BIM可以使得沟通、讨论、决策更加直观、方便。

2. 虚拟施工

利用BIM的3D可视化模型，添加其他维度的信息，可以对项目施工方案进行分析、模拟和优化，使项目相关方了解项目的相关情况。此外，还可以利用BIM技术对施工难点进行模拟，实现可视化的技术交底，最终达到优化施工方案、提高效率、减少返工和浪费的目的。

3. 有效协同

BIM以模型为基础，为建设项目全生命周期提供了一个协同工作的平台，利用这个平台，可以使项目的各个参与方实现真正意义上的协同。如在设计阶段，利用这个平台可以进行不同专业之间的碰撞检查、专业协同和设计优化，减少专业之间的矛盾和冲突。在施工阶段，施工单位也可以在施工开始前发现设计中的错漏碰缺，减少相应的设计变更和返工。

4. 多算对比

利用BIM中信息关联性、互可操作性强的特点，可以获得所需的工程项目基础信息，并通过与合同、计划、实际施工消耗量、分项单价、分项合价等信息的对比分析，有效了解项目的盈利、消耗、成本等情况，实现对项目成本风险的有效管控。

5. 精确计划

传统的计划编制是一个动态、复杂的过程，而计划编制的结果则无法直观、清晰地描述计划与项目实体及资源的关系。通过将3D模型与进度计划信息关联，建立项目的4D模型，可以精确显示项目的施工过程，为企业制定精确的资源计划提供信息，同时，更可以有效分析项目实施中的进度风险。

6. 推进创新

利用BIM技术所创建的数字化模型，可以使建设项目各个参建方在统一的模型上协同工作，改变了传统的工程建设的模式及流程，为建设工程项目管理模式、交付模式、建造模式的创新提供了新思路、新契机。

从20世纪50年代开始，信息技术在建设工程领域的运用已经有将近70年的历史。早期的应用主要侧重于科学计算领域。20世纪80年代，CAD技术和项目信息系统的应用大幅度提高了设计效率和施工管理水平。BIM的推广和应用掀开了信息技术运用的新篇章。从目前的情况来看，不论是国际还是国内，BIM的运用都产生了巨大的应用价值，而这种应用价值可以从整体应用价值和局部应用价值两个方面来认识。

整体应用价值是指工程各阶段、各专业充分利用BIM技术所带来的价值，即实现建筑工程全生命周期信息共享，避免信息重复录入，从而降低社会成本，提高工作质量和工作效率。例如，在设计过程中，通过信息共享，各专业设计模型重复的部分，只需建立一次；又如，基于信息共享，施工企业可以通过计算机直接利用设计单位提供的BIM设计模型，从中提取必要信息建立BIM施工模型。整体应用价值的全面实现是一个系统工程，其关键是既需要具备针对各阶段、各环节的 BIM 应用软件，也需要必要的 BIM 应用标准支持。从目前 BIM 的应用状况来看，包括发达国家在内，全球范围内普遍还未达到该状态。

局部应用价值是指将 BIM 技术应用于建筑工程某个部分、阶段或者专业，利用其创造价值。例如，在施工阶段，主要的 BIM 应用点包括现状建模、成本预测、阶段规划、基于三维模型的施工协调、场地利用计划、深化设计、数字装配、基于三维模型的控制和计划等。对于施工方而言，BIM 技术的应用价值包括：通过碰撞检测有效支持减少返工，有效支持工程算量和计价，有效支持施工过程分析和计划，实现多维度信息集成，有效支持项目综合管控，有效支持虚拟装配，有效支持现场建造活动——验证、指导、追踪，有效支持非现场建造活动等。

如图 1-1 所示，根据 2015 年所发布的《中国建筑施工行业信息化发展报告（2015）：BIM 深度应用与发展》，通过问卷调查建设工程项目运用 BIM 技术所体现出的价值主要表现在：支持虚拟施工，方案优化；支持三维可视化设计和协同；是工程信息数据的载体；支持精确算量，成本控制；支持碰撞检查，减少返工；方便各参与方的信息交流和共享；支持细化管理，控制进度；为运维管理提供数据支持；等等。这表明我国现阶段的 BIM 应用仍以局部应用价值体现为主。同时，调查结果也表明很多企业及项目也开始重视基于 BIM 数据的协同及深度挖掘，开始转向追求 BIM 整体价值的体现。

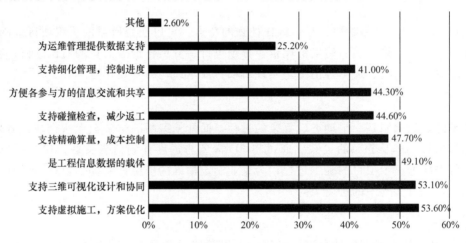

图 1-1　BIM 技术的应用价值[①]

【BIM发展趋势】

1.3　BIM 的应用现状及未来发展趋势

BIM 的概念被提出以后，迅速得到了业界的广泛认可并在全世界范围得到广泛推广应用。根据国际知名出版咨询机构 McGraw-hill 的统计，北美地区运用 BIM 技术的用户比重从 2007 年的 17%，快速增长到了 2012 年的 71%，呈现爆发性增长的趋势。根据 2012 年的调查数据，在北美地区有 74% 的承包商和 70% 的建筑师开始采用 BIM 技术。

我国 BIM 推广应用大致可以划分为三个阶段：2005 年之前为概念导入期，这个阶段

[①]　本书编委会，2015. 中国建筑施工行业信息化发展报告（2015）：BIM 深度应用与发展［M］. 北京：中国城市出版社.

主要由一些研究机构将 BIM 的概念引入国内，并初步开展了一些研究工作。2005 年到 2011 年为初步应用阶段，这个阶段开始从理论上对 BIM 进行深入研究，同时，在部分高端复杂的示范性工程开始试点运用 BIM 技术，其典型代表如上海中心、上海世博会项目等，应用领域主要集中于设计阶段。2011 年后，BIM 技术在我国进入了快速发展和深度运用阶段。这个阶段的主要特征表现在各级政府开始出台政策、措施促进 BIM 的推广应用；理论研究不断深入发展并大量在工程实践中运用；大量建设项目开始运用 BIM，不但运用 BIM 的项目越来越多，而且 BIM 应用的深度和广度也在不断提升；国内软件厂商持续推出新的应用软件。

根据《中国建筑施工行业信息化发展报告（2015）：BIM 深度应用与发展》所进行的针对 1440 个调查对象所收集的数据，到 2015 年，已有约 74.5% 的调查对象所在企业开始运用 BIM 技术，但多数正处于概念普及和项目试用阶段，仅有 10.4% 的企业开始大面积的应用。

随着信息技术的快速发展以及 BIM 推广应用环境的逐步改善，可以预见 BIM 在我国的推广应用将越来越广泛。从未来的发展方向看，主要体现出以下的发展趋势。

（1）集成化

更多的应用点被发掘，实现从阶段性运用向全生命周期运用转变，从现在主要集中于设计、施工阶段，向项目前期、运维阶段延伸，并最终形成基于生命周期的一体化应用；完成单业务运用向多业务集成运用转变，通过不断拓展新的应用点，满足更多的专业需求，最终实现多业务集成化应用；实现单纯技术应用向项目集成应用转变，将 BIM 系统与 PM、MIS、ERP、OA 等企业管理系统集成，实现各个系统之间的信息有效传递，打破信息孤岛。

（2）广泛化

我国 BIM 早期的应用主要集中于一些标志性项目。随着社会对 BIM 认识的不断深入，同时，也伴随着 BIM 技术的日臻成熟，BIM 应用的范围越来越广泛。不但大型复杂项目开始应用 BIM，一般性的项目也逐步开始推广。同时，BIM 的应用领域也不仅仅限于早期的工民建项目，已经有越来越多的市政基础设施等项目开始应用。全方位的广泛应用，是 BIM 推广和应用的一个重要方向。

（3）深度化

随着信息技术的快速发展，人工智能（AI）、3D 激光扫描、3D 打印、无人机、智能设备、VR/AR/MR 等新技术、新设备不断在建设领域应用，产生了很多新的 BIM 应用模式。同时，随着对 BIM 相关研究和实践的不断深入，BIM 将与专业的结合更加紧密，更加适应不同专业领域的需求，实现 BIM 和专业的深度融合。

本章小结

建筑信息模型（BIM）是伴随着信息技术在建筑业的深入应用过程而产生的一个概念，BIM 的概念可以从多个不同的角度去理解，一般可以分为 Building Information Model（简称为 BIM 模型）、Building Information Modeling（简称为 BIM 建模）、Building Information Management（简称为建筑信息管理）三个方面。其中，BIM 建模是核心，其体现了 BIM 的核心价值；BIM 模型是基础；而建筑信息管理是保障和支撑。BIM 的应用价值可以从整体应用价值和局部应用价值两个层面来看待，具体包括可视化沟通、虚拟施工、有效协同、多算对比、精确计划、推进创新等多个方面。我国的 BIM 推广应用工作正处于快速发展和深度应用阶段，从 BIM 未来的发展趋势来看，集成化、广泛化和深度化是其未来的发展方向。

思 考 题

1. 常见的 BIM 概念有哪些？如何看待它们之间的关系？
2. BIM 的应用价值有哪些？
3. 我国的 BIM 应用经历了哪些阶段？如何看待我国 BIM 应用的现状？
4. BIM 未来的发展趋势是什么？

第2章
BIM在建设项目全生命周期各阶段的应用

 本章要点

(1) BIM 在建设项目全生命周期中的主要应用点。
(2) BIM 在建设项目设计阶段、施工阶段、运维阶段的应用。

学习目标

掌握 BIM 在建设项目全生命周期中的主要应用点，熟悉在建设项目设计阶段、施工阶段、运维阶段的应用情况。

2.1　BIM 应用概述

【BIM应用概述】

如本书第 1 章所述，BIM 的应用不是简单的软件应用，而是一个涉及技术、管理、经济、合同等多个领域的复杂过程。同时，BIM 应用又涵盖了项目生命周期的各个阶段和不同参与方及专业，因此，其应用的影响范围非常广泛。

在 BIM 应用的过程中，如何根据建设项目的特点确定项目的 BIM 应用范围（点）是需要解决的核心问题。只有从建设项目全生命周期的角度出发，确定了适当、符合项目目标的 BIM 应用范围（点），才能根据不同领域的 BIM 应用要求，确定具体的实施方案，建立相应的组织架构，购置所需的软硬件设备及资源，确定相关的工作流程及工作制度。2009 年，美国宾夕法尼亚州立大学计算机集成化研究中心根据在北美地区调研所获得的数据，编写了《BIM 实施计划指南》，其中提出了 BIM 技术的 25 种主要应用，如图 2-1 所示。

随着我国 BIM 推广和应用工作的不断深入开展，业界对建设项目全生命周期 BIM 应用的研究也开始给予高度关注。有研究人员根据相关的文献研究及市场调查结果，提出了 BIM 在我国建设项目全生命周期中的 18 个应用点，如表 2-1 所示。

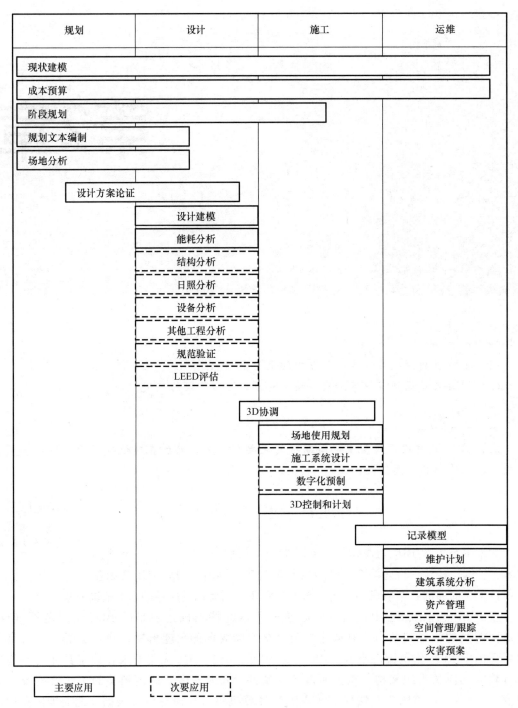

图 2-1 BIM 技术主要应用

从整体效益最大化的角度看，全生命周期的集成化应用是最佳的 BIM 应用方式。但是，整个生命周期中各个阶段的具体应用是其基础。同时，由于各种原因的限制，全生命周期的集成化应用在目前的技术、市场及政策法规条件下还难以大范围的实现。因此，在本章以下各节中，将按照项目生命周期中各个不同的阶段，分别介绍各个阶段的 BIM 应用。

表 2-1　BIM 在我国建设项目全生命周期中的 18 个应用点

阶段	规划阶段	设计阶段	施工阶段	运维阶段
应用	场地规划分析 成本估算 建筑策划方案优选 建筑空间布局优化	模型设计，减少变更 设计模拟分析 成本控制 模型与分析软件衔接 建筑结构设计一体化	施工项目投标 施工图深化设计 施工模拟 资源计划与成本控制 安全控制 BIM 与 GIS 集成	资产与空间管理 安全监控和节能优化 灾害应急处理

2.2　BIM 在建设项目设计阶段的应用

从 BIM 的产生及发展历程中可以清晰地发现，BIM 概念最早产生就是与建筑设计密切关联在一起的。BIM 在建设项目设计阶段的应用非常广泛，也是目前建设项目 BIM 应用实务确定应用点的主要方向。

【Macleamy 曲线】

从建设项目的实施全过程来看，一般认为 BIM 技术应用得越早，取得的效益就越大。2014 年，国际知名建筑设计公司 HOK 的首席执行官（CEO）Patrick Macleamy 根据自己调研的数据，提出了著名的 Macleamy 曲线，如图 2-2 所示。

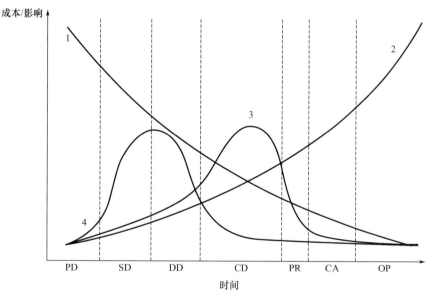

PD—设计前期；SD—方案设计；DD—扩初设计；CD—施工图设计；PR—采购；CA—施工管理；OP—运维
1—影响成本和影响功能的能力；2—设计变更费用；3—传统设计过程；4—优选设计过程
图 2-2　Macleamy 曲线

图 2-2 中曲线 1 代表了影响成本和生命周期的能力，表明了在建设项目前期阶段的工作对成本、功能的影响是最大的，随着时间的推移，越往后这种能力越小。曲线 2 则代表了设计变更所产生的费用，它表明在建设项目前期所产生的费用较小，而越往后期，这种成本则越高。而从曲线 3、4 也可以明确地发现，在传统的设计过程中，对建设项目影

响最大的是在施工图设计阶段；而在优选设计过程（即应用 BIM 的设计过程）中，对建设项目影响最大的是在方案设计和扩初设计阶段。通过以上的分析可以看出，应该尽早地在建设项目前期采用 BIM 技术，使建设项目的各个参与方能充分地交流和协调，保障项目的设计、施工等环节工作的顺利开展，减少各种不必要的浪费和延误。

2.2.1 方案设计阶段

【方案设计阶段】

　　方案设计阶段主要是从建设项目的需求出发，根据建设项目的设计条件，研究分析满足建筑功能和性能的总体方案，提出空间架构设想、创意表达形式及结构方式等初步设计内容，为建设项目的后续设计工作提供依据和指导性文件，同时对建设项目的总体设计方案进行评价、分析和优化等工作。

在这个阶段，可以运用 BIM 技术对设计方案进行快速的表达和有效的评价。

1. 概念设计

运用 BIM 快速参数化建模、高度可视化和协同性强的特点，设计师可以实现设计意图的精确表达并与建设项目其他关联方实现无障碍的信息表达和传递。如果出现业主需求或设计意图的改变，可以快速实现设计成果的更改，从而极大提高设计效率。近年来，利用 Grasshopper、Dynamo 等参数化设计程序插件，对 Rhino、Revit 等设计工具进行功能拓展，快速生成设计结果的设计模式有了很大的发展，使得这一过程变得更加高效。

图 2-3 为五矿金融华南大厦基于 BIM 的方案推敲过程及最终结果展示。在该项目的

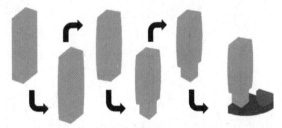

（a）基于体量的项目外形推敲过程

（b）项目方案效果图一

（c）项目方案效果图二①

图 2-3　五矿金融华南大厦方案

① https://www.pcf-p.com/projects/minmetals-financial-center/

设计过程中,设计团队运用 BIM 技术,结合周围的环境情况,进行了多轮的方案推敲和优化,最终形成了满意的方案。图 2-4 为某园区项目设计方案效果图。图 2-5 为利用 Dynamo 程序参数化快速生成设计方案的案例。

图 2-4 某园区项目设计方案效果图

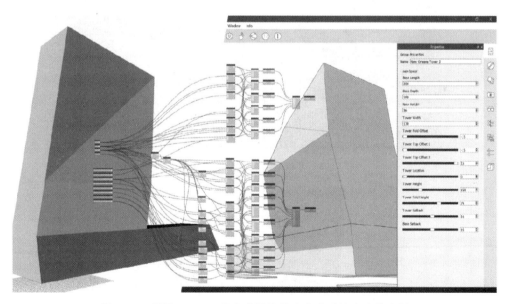

图 2-5 利用 Dynamo 程序参数化快速生成设计方案的案例

2. 空间设计

利用 BIM 将复杂、抽象的设计成果,转换成为直观、形象的 3D 模型,并辅以动画、渲染图乃至 VR/AR/MR 等技术手段,将设计师在建设项目场地规划、造型、功能、建筑物内外饰面及装饰的设计意图充分表达出来,为业主方提供充分、直观的设计感受,便于获得最佳的设计效果。

图2-6为某游泳馆项目内部空间设计图。图2-7为某住宅楼项目室内装饰效果图。图2-8为某住宅楼项目室内装饰效果的720°全景图。运用BIM技术，可以获得更好的设计效果。

图2-6　某游泳馆项目内部空间设计图

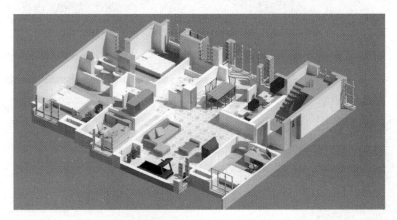

图2-7　某住宅楼项目室内装饰效果图

图2-8　某住宅楼项目室内装饰效果的720°全景图

2.2.2　初步设计阶段

在建设项目设计工作流程中，初步设计阶段介于项目的方案设计与
施工图设计阶段之间。在该阶段，主要的工作是对建筑模型的推敲和完
善，同时，结合结构模型进行核查设计。

【初步设计阶段】

1. 性能分析

设计人员将 BIM 模型导入相关的分析软件，对建设项目进行能耗分析、光照分析、
噪声分析、设备分析等方面的模拟及分析，更进一步实现对项目的绿色评估。

图 2-9 和图 2-10 分别为基于 Ecotect 的某项目能耗分析和某住宅楼项目室内自然采
光效果分析，通过分析，可以对建设项目的能耗情况进行更加精准的掌握。图 2-11 为基
于 Pathfinder 的某酒店项目人员疏散模拟分析结果，通过该结果，可以分析和评价项目的
楼梯疏散设计是否存在缺陷，避免后续问题的产生。

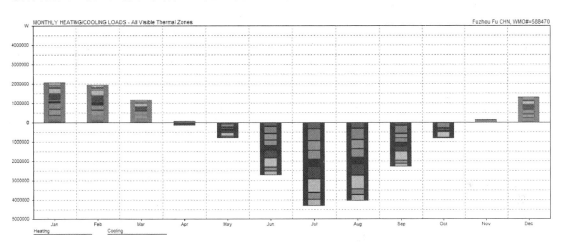

图 2-9　基于 Ecotect 的某项目能耗分析

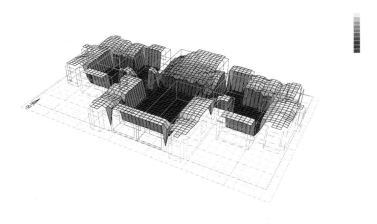

图 2-10　某住宅楼项目室内自然采光效果分析

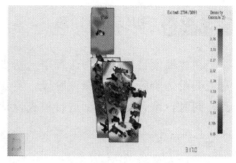

图 2 – 11 基于 Pathfinder 的某酒店项目人员疏散模拟分析结果

2. 结构分析

利用结构分析软件，通过从模型中所获取的相关信息，进行结构分析和计算，并将相应的分析结果保存在模型中。

图 2 – 12 所示为北京新机场项目结构设计阶段所创建的多个模型。利用所创建的地表模型、土方模型、边坡模型和桩基模型等 BIM 模型，项目进行了地质条件的模拟和分析、土方开挖工程算量、节点做法可视化交底以及对 8275 根桩基的精细化管理。同时，项目还利用专业软件 MST、XSTEEL、ANSYS、SAP、MIDAS、3ds MAX 等专业软件，建立空间模型、进行节点建模及有限元计算、结构整体变形计算和施工过程模拟。图 2 – 13 所示为北京新机场项目钢结构设计模拟分析结果。

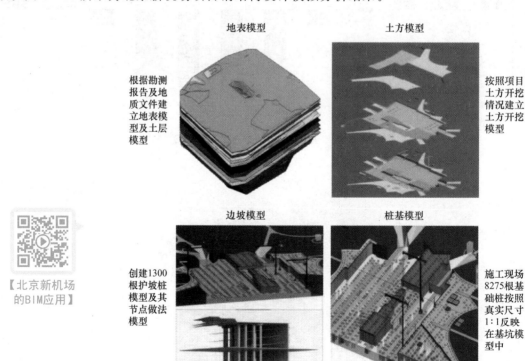

【北京新机场
的BIM应用】

图 2 – 12 北京新机场项目结构设计阶段创建的多个模型

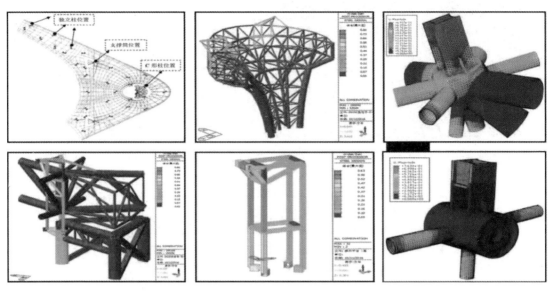

图2-13 北京新机场项目钢结构设计模拟分析结果

图2-14为某地铁站项目复杂节点的三维钢筋模型展示，通过模型可以更加清晰地展示结构分析的结果。

图2-14 某地铁站项目复杂节点的三维钢筋模型展示

3. BIM算量

在初步设计阶段，模型当中已经包含了较为丰富的建设项目参数。造价人员可以从模型中提取所需要的相关参数，据此计算工程量，进而实现对建设项目造价的估算。相较于传统的方式，不论是估算的准确性还是效率，均有质的提升。

图2-15为某项目结构模型、设备模型及基于模型所导出的相关工程量明细表（部分）。基于所创建的结构模型、设备模型，运用Revit的明细表，可以迅速获得准确、全面的建设项目工程量数据，作为项目造价估算的依据。

（a）结构模型

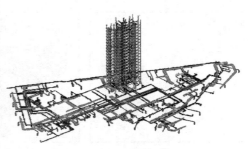
（b）设备模型

结构板明细表				
族与类型	体积（m³）	面积（m²）	数量（块）	结构材质
楼板: YMGY-4#-LB1-120mm	384.53	3204.43	358	YMGY-现场浇筑混凝土（C25）
楼板: YMGY-4#-LB2-120mm	274.23	2285.27	442	YMGY-现场浇筑混凝土（C25）
楼板: YMGY-4#-LB3-130mm	139.93	1076.36	40	YMGY-现场浇筑混凝土（C25）
楼板: YMGY-4#-LB4-120mm	96.9	807.53	119	YMGY-现场浇筑混凝土（C25）
楼板: YMGY-4#-LB5-150mm	1.65	11	4	YMGY-现场浇筑混凝土（C25）
楼板: YMGY-4#-LB6-120mm	74.97	624.73	218	YMGY-现场浇筑混凝土（C25）
楼板: YMGY-4#-PTB1-100mm	16.5	165.02	46	YMGY-现场浇筑混凝土（C25）
楼板: YMGY-4#-WB1-120mm	41.43	345.24	51	YMGY-现场浇筑混凝土（C25）
楼板: YMGY-4#-WB2-120mm	8.72	72.66	6	YMGY-现场浇筑混凝土（C25）
楼板: YMGY-4#-WB3-130mm	7	53.86	2	YMGY-现场浇筑混凝土（C25）
楼板: YMGY-4#-WB4-100mm	0.7	6.98	1	YMGY-现场浇筑混凝土（C25）
楼板: YMGY-地下室顶板 300mm	5903.59	19678.63	3	YMGY-现场浇筑混凝土（C35）
楼板: YMGY-地下室顶板-LB1-120mm	891.91	4955.05	31	YMGY-现场浇筑混凝土（C35）
楼板: YMGY-地下室顶板-LB2-130mm	2562.98	10251.93	5	YMGY-现场浇筑混凝土（C35）
楼板: YMGY-地下室顶板-LB3-140mm	877.83	3511.32	24	YMGY-现场浇筑混凝土（C35）

（c）结构板明细表（部分）

管道明细表				
族与类型	系统分类	尺寸（mm）	长度（m）	数量（根）
管道类型: 给水-PP-R	家用冷水	15	349.010	160
管道类型: 给水-PP-R	家用冷水	20	529.699	480
管道类型: 给水-PP-R	家用冷水	25	2338.355	1066
管道类型: 给水-PP-R	家用冷水	40	30.006	110
管道类型: 给水-PP-R	家用冷水	50	2.800	3
管道类型: 给水-PP-R	家用冷水	65	764.102	255
管道类型: 给水-PP-R	家用冷水	80	102.193	25
管道类型: 给水-PP-R	家用冷水	100	122.109	42
管道类型: 排水（污）-UPVC	污水管	50	466.732	1625
管道类型: 排水（污）-UPVC	污水管	75	288.286	686
管道类型: 排水（污）-UPVC	污水管	100	1226.549	1652
管道类型: 排水（污）-UPVC	污水管	150	94.462	56
管道类型: 排水（雨）-UPVC	雨水管	25	65.168	640
管道类型: 排水（雨）-UPVC	雨水管	32	871.020	322
管道类型: 排水（雨）-UPVC	雨水管	75	24.790	38
管道类型: 排水（雨）-UPVC	雨水管	100	332.483	24
管道类型: 喷淋-镀锌钢管（卡箍连接）	湿式消防系统	25	289.017	367
管道类型: 喷淋-镀锌钢管（卡箍连接）	湿式消防系统	32	184.125	113
管道类型: 喷淋-镀锌钢管（卡箍连接）	湿式消防系统	40	22.421	25

（d）管道明细表（部分）

图2-15 某项目结构、设备模型及相关工程量明细表

2.2.3 施工图设计阶段

施工图设计阶段是建设项目设计的重要阶段，是联系建设项目设计和施工阶段的桥梁。通过施工图，可以准确、清晰地表达设计的意图及设计结果，同时为建设项目的施工提供依据。在施工图设计阶段 BIM 应用的重点是各专业 BIM 模型的构建、深化，各个专业之间的协同分析。

【施工图设计阶段】

1. 协同设计

协同设计指建设项目成员在同一环境下用同一套标准来完成同一个建设项目的设计。BIM 技术为协同设计的实现提供了有效的技术支撑，实现了基于 BIM 的三维协同设计。在这个模式中，各个专业并行设计，沟通及时准确，可以充分提高各个设计专业之间的配合程度，使信息传递更加准确有效，提高效率，减少浪费，实现效率提升。

如图 2 - 16 所示为某图书馆项目的建筑、结构、设备及综合模型。通过以上的模型，各个专业可以通过协调有效地开展工作，收到更好的效果。

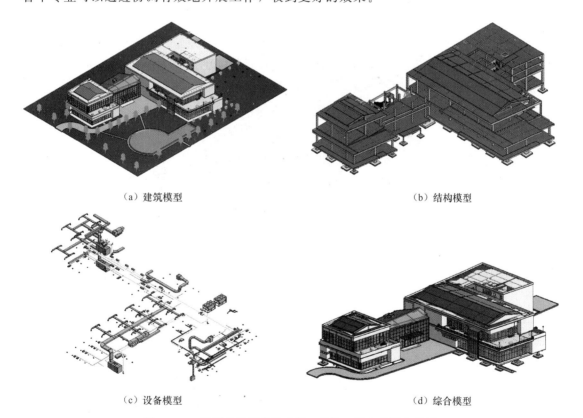

(a) 建筑模型　　　　　　　　　(b) 结构模型

(c) 设备模型　　　　　　　　　(d) 综合模型

图 2 - 16　某图书馆项目的建筑、结构、设备及综合模型

2. 碰撞检查

在传统的施工图设计中，结构、水电、暖通等各个专业的图纸汇总后，是通过人工方式来解决各个专业之间矛盾及冲突的，这种方式效率低下，效果很差。运用 BIM 技术进

行 3D 碰撞检查，可以方便、高效地彻底消除设计中存在的各种软硬碰撞，优化工程设计，减少乃至彻底消除施工阶段设计错误所带来的错误及返工，还可以优化空间布局及管线排布方案，获得最优化的效果。

　　如图 2-17 所示为某项目室内给水系统与结构模型进行碰撞检查发现的碰撞点示例。图 2-18 为基于 BIM 的某项目管线碰撞检查及优化。除了室内碰撞检查之外，同样也可基于 BIM 技术进行室外管线综合与碰撞检查，如图 2-19 所示为某小区室外管线综合与碰撞检查及发现的部分问题的反馈单。

图 2-17　某项目碰撞点示例

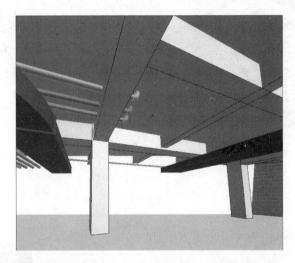

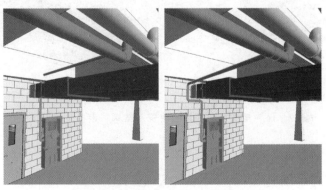

图 2-18　基于 BIM 的某项目管线碰撞检查及优化

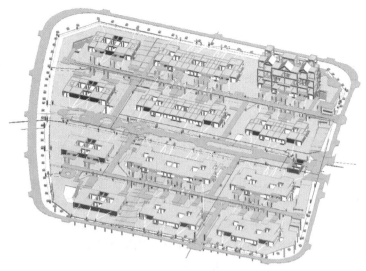

【室外管线综合
与碰撞检查】

（a）室外管线综合与碰撞检查

定位	6#与7#之间	问题分析	涉及土建水专业	
问题描述	图中红圈为6#与7#之间的雨污水支管位置，雨污支管以7.0建筑面板下-700为建模起点标高，0.5%的坡度建模，大部分雨污支管与道路碰撞，请复核。	问题编号		C1_007
修改建议		同意		□
		不同意		□
		不确定		□

BIM碰撞模型

C1给排水总平及管线综合图\雨水总平图　C1给排水总平及管线综合图\污水总平图

（b）碰撞情况反馈单

图 2-19　某小区室外管线综合与碰撞检查及反馈单

3. 自动化出图

在我国现阶段，设计成果最重要的承载形式就是施工图纸。利用 BIM 模型，可以非常方便地根据出图的要求，生成相关的图纸。从本质上看，图纸可以视为 BIM 模型在某一视角上的投影图，因此，图纸的产生非常方便。同时，由于模型是唯一的数据源，任何对模型的修改，软件系统都可以自动更新与该修改有关的图纸。

目前的设计工作实践中，受制于一些客观条件，有的建设项目采用基于 BIM 的逆向设计，即设计人员首先使用二维手段进行设计，生成图纸，然后再根据图纸重新建立三维精确模型。这种情况在结构设计中较为常见。此外，还可以采用正向设计，以结构专业为例，在正向设计的状态下，结构设计人员初步设计时建立三维模型，通过平面剖切形成的模板图用于初步设计，在该模型上添加荷载即可用于结构计算，再添加钢筋信息就可绘制施工图，该三维模型可直接用于碰撞检查，也可用于后期的工作。逆向设计是 BIM 推广和应用初期的一种不得已的妥协方式。随着 BIM 应用的深入及相关软硬件水平的提高，过渡到正向设计是一个必然的趋势。采用正向设计方式，可以方便地实现自动化出图，并且实现与不同专业之间的信息共享。

如图 2-20 所示为广厦建筑结构 CAD 正向设计系统界面。图 2-21 为在 Revit 中所创建的结构模型。图 2-22 为系统所生成的梁、柱、板施工图。图 2-23 为系统所生成的装配式建筑部品深化设计加工图。

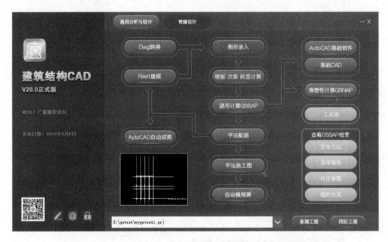

图 2-20 广厦建筑结构 CAD 正向设计系统界面

4. 工程量计算

我国目前施工阶段基于 BIM 的工程量计算有两种模式，一种是通过相关的转换软件，将设计模型导入算量软件中算量，其典型代表如广联达、鲁班等；一种是以 BIM 软件作为算量平台，直接计算工程量。不论采用哪种模式，都可以实现基于计量规则的工程量的快速、准确计算及提取，大大提高工作效率及精确度。

如图 2-24 所示为某游泳馆项目 Revit 模型导入广联达 GCL 所生成的算量模型及所生成的工程量清单（部分）。图 2-25 为基于 Revit 平台所开发的海迈 BIM 算量系统界面，利用其可以在 Revit 中直接进行算量。

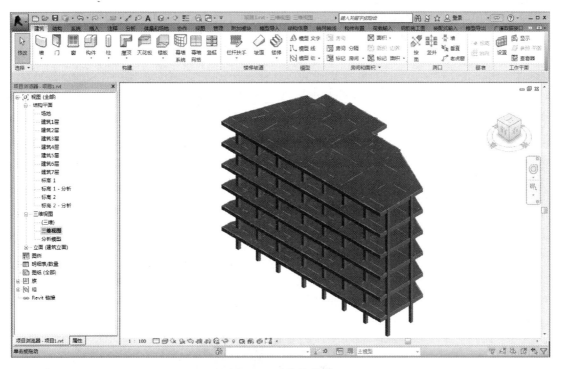

图 2 - 21 结构模型

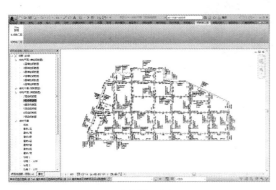

（a）梁施工图

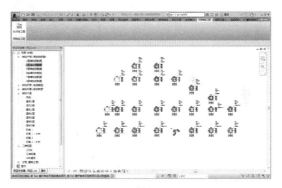

（b）柱施工图

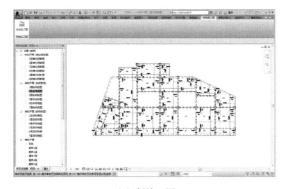

（c）板施工图

图 2 - 22 梁、柱、板施工图

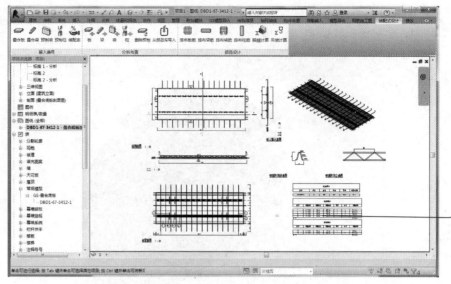

图 2 - 23　装配式建筑部品深化设计加工图

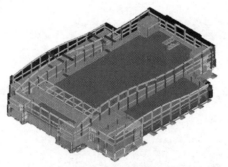

（a）Revit模型导入广联达GCL

（b）广联达GCL生成的清单

图 2 - 24　某游泳馆项目工程量计算

图 2 - 25　基于 Revit 的海迈 BIM 算量系统界面

5. 3D 渲染、动画制作及 VR 等应用

利用 BIM 模型可以方便地生成 3D 渲染图和各种动画，或者将其结合 VR 设备，作为设计成果的有效展示手段。

如图 2 - 26 所示为使用 Lumion 所制作的某小区项目设计效果的渲染图。运用 BIM 技术，可以更好地展示了整个设计方案的效果。

【小区漫游视频】

（a）小区整体效果渲染图

图 2 - 26　某小区项目设计效果的渲染图

（b）别墅部分渲染图

（c）商业街部分渲染图

图2-26　某小区项目设计效果的渲染图（续）

【施工阶段应用】

2.3　BIM 在施工阶段的应用

BIM 模型是一个包含了丰富建设项目信息的数据库，基于其中包含的丰富的 3D 信息，再结合时间、成本、资源等信息，构建 4D、5D 乃至 nD 的模型，可以为建设项目的施工管理提供强大的支撑。

2.3.1　招投标应用

在建设项目的招投标阶段，招标方可以根据 BIM 模型生成精确的工程量清单，从而减少由于人工操作所带来的人力耗费及错误的产生，显著提高效率及准确性。在投标过程中，运用 BIM 技术，投标方的标书可以更加精细、准确，整个施工方案的展示更加直观。

基于 BIM 模型，可以进行施工方案的可视化模拟，对一些重要的施工环节或关键部位，通过动画方式展示施工计划，建立 3D 的施工现场布置，将各种施工安排形象、直观地展示给业主。基于 4D 模型进行进度模拟，进行资源优化，一方面有利于施工方案的优化，也能更加有效地展示投标单位的综合实力。通过 BIM 模型，可以更加快速、精确地进行工程量的提取及相关报价的确定。

【可视化投标方案】

2.3.2　深化设计

深化设计是在业主或设计方所提供的条件图、原理图的基础上，结合施工现场的实际情况，对图纸进行细化、补充及完善。只有通过深化设计，才能使设计理念、设计意图在施工阶段得到充分体现，也能使施工图更加符合现场的实际情况，从而更好地满足业主的需求，为建设项目创造更大的增值。

基于 BIM 的深化设计一般可以包括两个方面：① 专业性深化设计。根据建设单位所提供的专业 BIM 模型进行深化设计，一般包括土建结构、钢结构、幕墙、电梯、机电、精装修、景观绿化等各个专业；② 综合性深化设计。对各个专业的深化设计成果进行集成、协调、修订与审核，并形成建设项目的综合平面图及综合管线图等。这种类型的深化着重于各个专业图纸的协调一致，一般在建设单位提供的总体 BIM 模型上进行。

如图 2-27 所示为某项目管线综合深化设计结果。图 2-28 为某项目设备机房深化设计结果。图 2-29 为某项目钢结构节点深化项目及所生成的效果图。

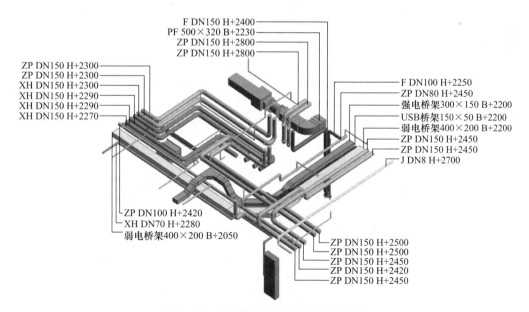

图 2-27　某项目管线综合深化设计结果

图 2 - 28   某项目设备机房深化设计结果

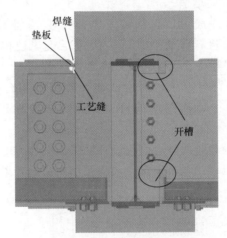

（a）节点详图

（b）节点效果图

图 2 - 29   某项目钢结构节点深化项目及所生成的效果图

2.3.3　进度管理

通过所建立的4D（3D＋时间）模型，对建设项目进行施工进度模拟，可以精确直观反映整个建设项目的施工过程，还可以实时跟踪当前进度状态，分析影响进度的因素，制定应对措施。同时，也可以对施工进度进行模拟、优化，在多个施工方案之间进行快速对比，确定最优化的施工方案。在建设项目实施中，还可以利用BIM技术形象、直观的特点，实现施工现场的3D技术交底，便于工人对技术方案的理解。也可以制作直接生成数字化样板，直接用于现场施工指导，保证各项工作的顺利开展。

如图2-30为基于Navisworks的某园区项目4D进度模拟。如图2-31所示为基于广联达BIM 5D的深圳会展中心项目进度管理。该项目基于广联达BIM 5D系统进行项目进度计划的模拟和资源曲线的查看，结果直观清晰，方便相关人员对项目进度计划和资源调配的优化。将日常的施工任务与进度模型挂接，实现基于流水段的现场任务的精细化管理。

【某园区的施工模拟】

图2-30　基于Navisworks的某园区项目4D进度模拟

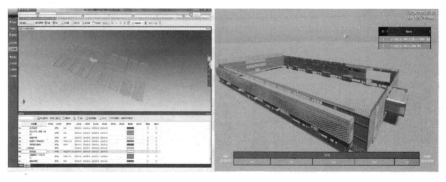

图2-31　基于广联达BIM 5D的深圳会展中心项目进度管理

2.3.4 质量管理

在建设项目的设计阶段及深化设计阶段，由于运用 BIM 技术进行了充分的专业协同及碰撞检查等工作，在最大程度上解决了建设项目设计中存在的错漏碰缺，有利于施工工作的顺利开展及施工质量的保障。而运用 3D 交底、数字化样板等技术，也有利于施工人员对设计方案及技术的理解，保障施工成果的质量。同时，运用 BIM 技术，可以更好地确定各个工序质量控制的要点，编制工序质量控制计划，主动控制影响质量的工序活动条件（人、材、机、方法、环境），同时为施工质量的检查提供依据。结合相应的监测技术及设备，还可以结合 BIM 模型，对重点部位的开展施工质量的自动化检查、监测，减少问题产生的可能性。

图 2-32 为某项目 BIM 样板与现场实际施工效果对比，通过 BIM 样板实现施工

图 2-32　某项目 BIM 样板与现场实际施工效果对比

现场的可视化交底，能够让施工人员清楚了解设计意图和设计细节，提高施工的质量。图 2-33 为移动端 BIM 用于现场施工质量核查。图 2-34 为深圳会展中心项目质量巡检系统，通过质量巡检系统，可以实现日常施工现场质量巡检管理、隐蔽工程质量监管等环节的检查、整改反馈、复查以及相应处罚信息录入，移动端同步上传，最终进行相关的业务流转，辅以现场照片、位置定位、拍照时间、上传时间等信息，最终上传到系统服务器中，通过对后台数据的处理分析，可以有效发现质量问题，增强质量管理的效果。

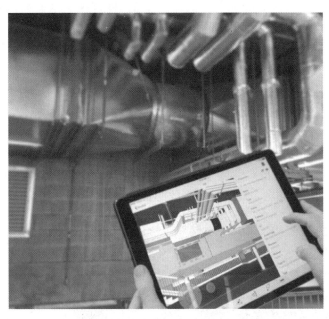

图 2-33　移动端 BIM 用于现场施工质量核查

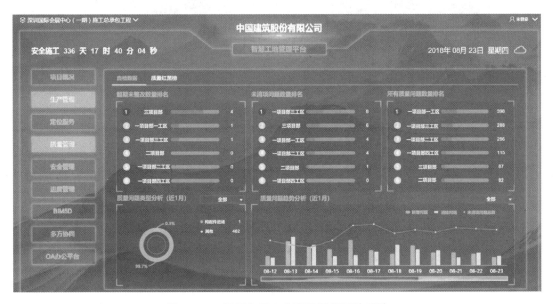

图 2-34　深圳会展中心项目质量巡检系统

2.3.5 安全管理

　　建筑业属于"高危行业"，而施工现场由于环境复杂、条件恶劣，又往往是最容易产生问题的场所。在施工准备阶段，基于 BIM 模型，可以进行深入的安全环境分析，结合4D 模型及相关的模拟分析技术，编制可视化的施工安全规划，提前发现施工中的重大危险源及安全隐患并提前排除。运用模拟仿真技术，对结构在不同施工阶段的力学性能和变形状态进行模拟分析，为施工安全提供保障。建立 3D 可视化动态监测系统，通过 3D 虚拟环境来直观、形象地发现各类潜在危险。对大型设备的运行状态进行模拟、监测，防止危险的发生。

　　图 2-35 为某项目基于 BIM 制作的现场安全设施规划。图 2-36 为某项目施工现场临边防护（计划与实景对比）。通过这种方式，可以全面分析施工现场的重大危险源，对安全设施、标识等进行分析和规划，提高现场安全管理的水平。图 2-37 为深圳会展中心项目"智慧工地管理平台"中的安全管理系统。利用该系统，安全管理员对现场进行检查时可对问题点进行拍照、描述、上传，系统自动通知相关责任人。后台对安全问题进行汇总和统计分析，一键生成安全检查报告。建设项目负责人通过安全看板对问题快速查看、及时整改，从源头监管施工安全问题，降低施工事故的发生率。

图 2-35　某项目基于 BIM 制作的现场安全设施规划

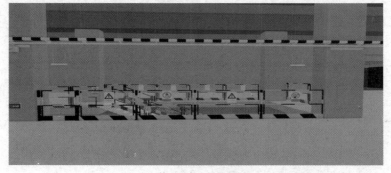

（a）某项目安全设施规划一

图 2-36　某项目施工现场临边防护（计划与实景对比）

（b）现场实际情况对照一

（c）某项目安全设施规划二

（d）现场实际情况对照二

图2-36 某项目施工现场临边防护（计划与实景对比）（续）

图2-37 深圳会展中心项目"智慧工地管理平台"的安全管理系统

2.3.6 成本管理

利用 BIM 模型中所包含的相关信息，可以实现快速精准的成本核算。基于 BIM 模型提取的工程量信息，结合进度计划数据，可以实现工程量的快速查询及统计，并通过与实际工程量的对比，能够及时掌握建设项目进展情况，快速发现问题，采取措施纠偏。利用 BIM 强大的统计功能，有效控制各类消耗，还可以为工程款的结算提供支撑。

如图 2-38 所示为某项目通过 BIM 数据与现场数据的对比分析，实现了混凝土、钢筋、管线的消耗量的对比分析，控制偏差，有效地控制了成本。

	4层	5层	6层
墙（C70）	274.84	253.12	253.34
柱（C60）	109.88	109.99	110.07
梁（C30）	280.94	492.36	287.32	494.8	286.07	496.48
板（C30）	211.42		207.48		210.41	

	4层	5层	6层
墙（C70）	270	261	261
柱（C60）	107	107	107
梁（C30）	519	480	480
板（C30）			

偏差	4层	5层	6层
墙（C70）	+1.8%	-3.0%	-3.0%
柱（C60）	+2.7%	+2.8%	+2.9%
梁（C30）	-5.1%	+3.1%	+3.4%
板（C30）			

（a）混凝土用量对比分析

（b）钢筋用量对比分析

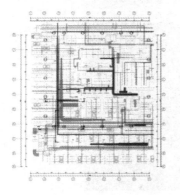

（c）机电管线对比分析

图 2-38　某项目相关成本分析

2.3.7　物资管理

基于 BIM 模型信息，根据任意实体或流水段的工程进度情况，按照周、月、季、年等时间段从模型中提取材料消耗量信息，形成物资需用计划，采购部门可以结合材料需用计划和库存情况，编制材料采购计划，根据施工进度掌握进场和材料分配时间。当工程发生变更或进度发生变化时，能及时提示并自动更新相应部位和时间段的材料计划。同时，在施工过程中，基于 3D 交底、数字化样板及模拟技术，可以精细化安排施工用料时间及数量，减少材料的浪费及由于在现场的二次搬运等所产生的成本。

图 2-39 所示为某项目基于 BIM 的排砖优化模型，运用该模型，可以优化排砖方案，减少材料浪费及施工现场二次搬运所产生的额外费用。图 2-40 为某项目中在施工现场通过扫描二维码跟踪管理现场物料的使用情况。图 2-41 为深圳会展中心项目中所使用的物料跟踪验收管理系统。该系统运用物联网技术，通过地磅周边的硬件智能监控，自动采集精准数据，运用互联网和大数据技术，实施多项目数据监测全维度智能分析，实现了对商品混凝土、预拌砂浆、地材、水泥、废旧材料、钢构件等物资的精细化管理，为智能化管理决策提供了依据。

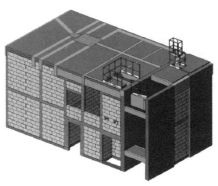

图 2-39　某项目基于 BIM 的排砖优化模型

图 2-40　施工现场通过扫描二维码跟踪管理现场物料的使用情况

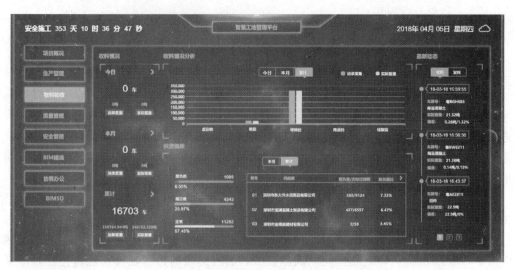

图2-41　深圳会展中心物料跟踪验收管理系统

2.3.8　数字化加工

　　随着装配式建筑的推广，越来越多的建设项目开始采用工厂化生产、现场拼装的生产方式。BIM技术是装配式建设项目顺利实施的必要条件。基于BIM的数字化加工，可以将包含在BIM模型中的构件信息准确、迅速、全面地传递给构件加工单位作为构件加工生产的依据。同时，基于BIM及相关信息化技术的装配模拟、生产、运输、存储、测绘、安装、复核等则为数字化建造提供坚实的基础，可以有效保障建设项目的顺利实施。

　　图2-42为装配式PC预制构件安装现场，图2-43为某酒店项目工厂预制钢结构构件的现场安装。这些构件的生产，都是基于BIM模型数据实现工厂化生产，收到了良好的效果。

图2-42　装配式PC预制构件安装现场

（a）钢结构安装过程一

（b）钢结构安装过程二

图 2－43　某酒店项目工厂预制钢结构构件的现场安装

2.3.9 虚拟施工

　　虚拟施工是通过虚拟现实、计算机仿真等技术对实际施工过程进行模拟和分析，达到对施工过程的事前控制和动态管理，以优化施工方案和风险控制。BIM为虚拟施工的实现提供了有力的支撑。通过BIM软件建立起的集成工程建设项目各种相关信息的模型，施工前期即对建筑项目的设计方案进行检测、对施工方案进行分析、模拟和优化，制订详细的进度计划和施工方案，并提前发现问题、解决问题，直至获得最佳的设计和施工方案，辅以施工模拟动画对复杂

【施工现场布置】

部位或工艺的展示，以视觉化的工具指导现场实际施工，协调各专业工序，减少施工作业面干扰，防止人、机待料现象。在建设项目施工过程中对模型进行实时维护，及时根据设计变更、技术核定和实际施工状况调整模型，施工结束后，可随时重现施工过程，作为检查、改进和责任追溯的依据。通过多维度的BIM模型，相关负责人可实时获得建设项目的资金使用情况、成本支出情况、建设项目工期形象进度等内容，为建设项目的管控提供技术支持。

　　图2-44所示为某项目施工现场三维虚拟布置方案及无人机航拍的现场实际情况。图2-45为某项目施工工艺模拟。

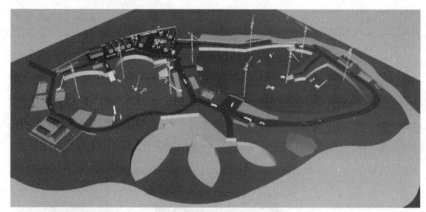

（a）施工现场三维虚拟布置方案

（b）无人机航拍现场实际情况

图2-44　某项目施工现场三维虚拟布置方案及无人机航拍

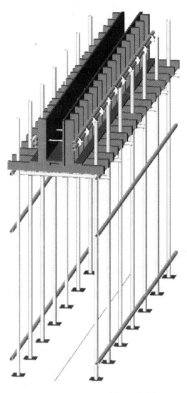

图 2 - 45　某项目施工工艺模拟

2.4　BIM 在运维阶段的应用

从建设项目全生命周期的角度来看，运维阶段占据了整个生命周期的绝大部分时间。但是，传统的运维管理中存在两个主要问题：① 各个专业之间存在"信息孤岛"；② 与建设项目前期各个阶段之间存在"信息断流"。通过运用 BIM 技术，可以有效解决运维阶段存在的这些问题，提高资产管理的效率，实现建设项目的增值。

【运维阶段应用】

2.4.1　资产管理

将 BIM 与传统的资产管理模式相结合，使业主能方便、及时、完整地获取所需要的建设项目信息，最大限度实现建设项目信息的整合，提高资产管理效率。如在设备管理中，能制订合理的设备维护、更新计划，同时，在设备的维修中，能更方便地获取相关设备的信息。通过与资产管理系统的集成，可以方便资产清点、折旧管理等日常的资产管理工作的顺利开展。

如图 2 - 46 所示为基于 BIM 的华润深圳湾国际商业中心的运维管理系统界面。图 2 - 47 为该系统设备管理子系统界面。该系统利用 BIM 模型优越的三维可视化空间展现能力，以 BIM 模型为载体，将各种零碎的信息数据进一步引入建筑运维管理功能中，同时，将设施设备管理、空间管理、能耗管理、安防管理、物业管理、综合管理等各个子系统有机地结合在一起，帮助管理人员提高管控能力，提高工作效率，降低运营成本。

【深圳湾项目运维系统】

图 2-46　基于 BIM 的华润深圳湾国际商业中心的运维管理系统界面[1]

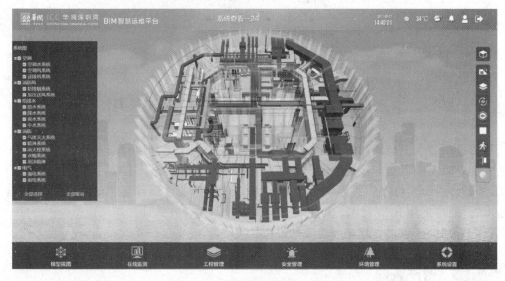

图 2-47　设备管理子系统界面[2]

<big>2.4.2</big>　空间管理

　　空间管理是运维阶段的重要工作内容，通过空间管理，可以使得管理方能更好地响应各方对空间的需求，统筹安排，提高空间使用效率。基于 BIM 模型中获得的信息，管理

---

①　http：//www.rgbim.cn/show/show-129.html
②　http：//www.rgbim.cn/product/show-387.html

方可以编制有效的空间安排规划，合理分配建设项目空间，最大限度地实现空间利用的合理化。同时，在有些需要进行租赁管理的商业项目中，应用BIM技术既能使租赁方及时获得相关信息，又能使得管理方及时掌握租户的信息，发现存在的风险，提高出租的回报率。

如图2-48所示为基于BIM的望京SOHO租售管理系统界面。该系统利用BIM的可视化和信息化的优势，打造望京SOHO BIM租售平台，将实时的房源数据、区位交通数据、多媒体数据等多维度内容，通过3D虚拟交互的方式统一起来，直观地将其展现在大屏幕和移动终端供客户和业务人员随时进行数据查询、展示和管理。通过三维交互和VR

（a）租售系统

（b）租售区位信息

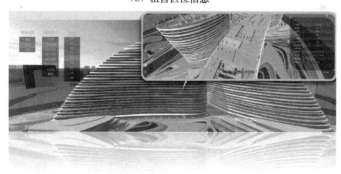

（c）租售房源信息

图2-48 基于BIM的望京SOHO租售管理系统界面

技术对房源信息进行实时查询和预览，实现空间的可视化索引，可以让客户更直观地感受房源的位置关系和视域质量，并将虚拟空间的房源和其真实的图文视频信息结合，让客户对房源信息掌握得更全面。

2.4.3 安全管理

在建设项目的运维阶段，由于时间跨度大、环境情况复杂等原因，存在发生火灾、自然灾害、重大安全事故等危害人民生命财产安全问题的可能性。为了应对这些问题，需要建立起长期有效的技术保障体系。基于 BIM 模型中存储的丰富几何及物理信息，结合相关的模拟工具，可以提前发现建设项目中的安全风险点，编制各种可视化的风险应对预案。结合迅速发展的各种传感器技术，可以基于 BIM 模型实现安全事件的及时发现、及时定位，同时，也可以快速生成疏散方案。在处置安全问题的过程中，可以辅助相关人员及时熟悉环境情况，增强灾害应对能力。

如图 2-49 所示为基于 BIM 的南京禄口机场 T2 航站楼运维管理系统应急管理模块的界面。该系统可根据物联网采集的数据自动发出报警和预警，如遇设备使用寿命到期、水管气管爆裂等设备使用异常情况时可自动发出警报，以便相关责任人及时到场处置；如发生火灾、漏水、抢劫等突发恶性事件时，可以通过本系统接收的物联网传感器数据迅速定位建筑内部复杂的通道和出入口，以控制灾难蔓延和事态扩展。通过对设备的实时监控，当设备发生故障时，运维平台会自动报警并迅速锁定故障设备所在的空间位置，点选该故障设备，系统将显示发生故障原因并生成维修单进行派发，同时发送短信通知相关责任人。当维护人员依据维修单完成设备维护后，按照维护管理要求将本次维修记录录入系统归档。

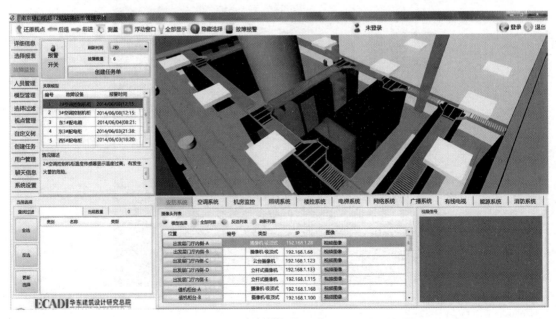

图 2-49　基于 BIM 的运维管理系统应急管理模块界面

2.4.4　能耗管理

从总体消耗量来看，建设项目运维期间的能耗占到整个建设项目全生命周期能耗的绝大部分，因此，高效的能耗管理是业主提高项目整体收益的一个重要途径。将 BIM 与各种类型的传感器相结合，可以方便、及时地获取建设项目实时环境状态数据及能耗数据，及时调整设备运行状态，实现能源的最大化合理利用。结合相关的模拟软件及数据，可以对未来一定时期的环境条件下的能耗情况进行预测分析，提前确定设备运行计划。进一步，也可以利用大数据技术对设备长期运行期间所累积的数据进行深度挖掘，为确定合理的设备选型及运行方案提供基础和支撑。

以望京 SOHO 空调风系统为例，在风机设备 BIM 模型的基础上，整合实时读取的传感器数据，通过三维渲染技术和 VR 技术，更为清晰直观地反映每台设备、每条管路、每个阀门的情况。根据应用系统的特点分级，可以使用整体空间信息或聚焦在某个楼层/平面局部，也可以利用某些设备信息进行有针对性的分析。同时通过 3D 界面中直观的颜色区分（红色为高耗能），方便物业更好、更及时地维护耗能和使用频次较高的设备，如图 2-50 所示为望京 SOHO 空调风系统界面。

【望京SOHO能源管理系统】

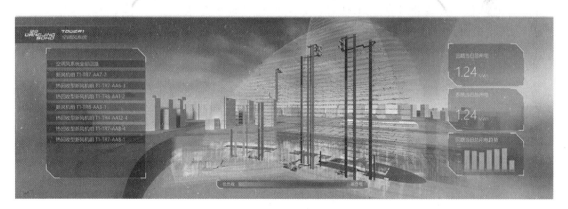

图 2-50　望京 SOHO 空调风系统界面

在整体能耗分析上，望京 SOHO 将能耗按照树状能耗模型进行分解（在可视化表达上，创造性地使用了 3D 球状来表达树结构），从时间、分项等不同维度剖析建筑能耗及费用，并对不同分项进行对比分析，使管理者可以从带有趣味性、探索性的可视化数据中发掘更深层次的含义，如图 2-51 所示为其能耗分析系统界面。

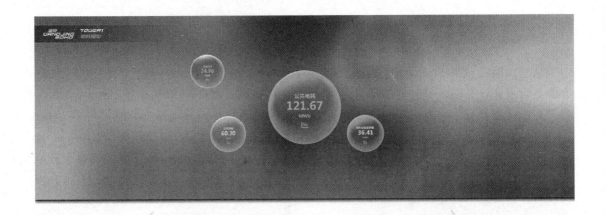

 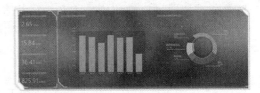

图 2-51 能耗分析系统界面

本章小结

　　确定建设项目的 BIM 应用点是 BIM 应用过程中的核心问题，是开展各项相关工作的基础。本章首先对国内外关于 BIM 在建设项目全生命周期中应用点的观点进行了介绍，然后按照建设项目的实施过程，分别介绍了设计阶段、施工阶段和运维阶段的各个 BIM 应用点，为相关工作的开展奠定了基础。

思考题

1. 如何看待 BIM 应用点的确定在 BIM 应用工作中的作用？
2. 从建设项目的全生命周期看，BIM 的主要应用点有哪些？
3. BIM 在设计阶段的主要应用点有哪些？
4. BIM 在施工阶段的主要应用点有哪些？
5. BIM 在运维阶段的主要应用点有哪些？

第3章
BIM解决方案

📚 本章要点

(1) BIM 系统的技术性能和架构。

(2) BIM 软件的标准。

(3) BIM 软件的分类体系及主要代表软件。

(4) 国际主要的 BIM 解决方案的基本情况。

(5) 我国主要的 BIM 软件的情况。

(6) BIM 与新技术的结合应用。

📚 学习目标

(1) 掌握 BIM 软件的主要分类体系。

(2) 熟悉国际及我国主要的 BIM 软件系统及各自的特点，BIM 软件的定义标准。

(3) 了解 BIM 软件各类型的主要代表软件及 BIM 硬件系统的特点及架构。

(4) 了解各类与 BIM 结合应用的新技术、新设备的有关情况。

3.1　BIM 软硬件基础

3.1.1　BIM 系统构建

在 BIM 系统中，BIM 软件是形成系统功能的核心，硬件系统是构成整个系统运行的基础。相较于传统的 2D CAD，基于 3D 模型的 BIM 系统对硬件环境提出了更高的要求。BIM 模型中的信息是多维、动态、关联的，同时，随着应用的深入，模型的精度及复杂程度不断地提升，所形成的模型文件的体积也在不断增加，这就对系统性能提出了更高的要求。

【BIM系统的组成】

在确定 BIM 系统基本的计算机设备方案时，需要根据建设项目的软件需求、建设项目特点及资金状况等基本要素，从以下几个方面来考虑。

1. 强劲的中央处理器（CPU）

BIM 的操作过程中会涉及大量的运算，因此，CPU 的功能越强大，越有利于相关运算任务的完成。同时，BIM 模型显示时 3D 图像所占的比重很大，因此，在 3D 图像渲染的过程中也需要强大的计算能力作为支撑。为了达到相关性能指标的要求，原则上CPU 的频率越快、核数越多越好。以最常用的 Autodesk Revit 为例，在其技术指标中指出"Revit 软件产品的许多任务要使用多核 CPU，执行近乎真实照片级渲染操作需要多达 16 核"[①]。

2. 匹配建设项目需求的内存

内存对计算机系统的作用不言而喻。不同软件系统对内存有着不同的要求，为了获得更佳的性能，一般而言，内存越大、频率越快，越有利于发挥系统的性能，适应不同的需求。同时，在确定内存配置时也需要考虑建设项目的具体情况，仍以 Autodesk Revit 为例，根据工程实践经验，一般 4GB 内存可以满足一个 100MB 左右的项目文件，8GB 内存可以正常操作 300MB 左右的项目文件，16GB 内存可以正常操作 700MB 左右的项目文件。

3. 高性能的显卡

显卡性能是决定 BIM 系统性能的一个重要指标。相较于 CPU 和内存，显卡的情况要复杂一些。首先是部分系统采用的集成显卡，由于自身的性能限制，往往无法满足工程实践的要求。其次，常见的显卡又可以分为游戏显卡和专业图形显卡。通俗地说，就是游戏显卡主要侧重游戏性，对于很多游戏是有特殊优化的。专业图形显卡则会针对某些特定领域专业的建模或制图等软件进行优化，如 Revit、3ds MAX 等。从工程实践看，游戏显卡也可以满足部分要求不是很高的建设项目的要求，但是，对于大型、复杂、要求高的建设项目，就只能选择专业图形显卡了。

从技术指标看，需要考虑的是显卡频率和显存容量。显卡频率和 CPU 的主频类似，显存容量与内存类似，这两个指标都是越高越好。

4. 适当的硬盘

在确定 BIM 系统方案时，硬盘是一个非常重要但又容易被忽视的地方。从数据存储的角度来看，一般的硬盘容量都可以满足需求。但是，如果硬盘的读写性能不佳的话，会给硬盘上虚拟缓存的数据读取带来迟滞，从而拉低整个系统的性能。因此，可以考虑高转速机械硬盘，或使用 SSD（固态硬盘）。

5. 大尺寸专业显示器或多显示器

工程文件的类型很多且内容复杂，因此为了更好地与系统交互，需要配备专业的大尺寸显示器，以便更好地获取信息，查看相应操作的结果。从效率角度考虑，在工程实践中建议采用双显示器或多显示器。多个显示器的规格、性能应尽量一致，以便发挥最佳效果。

---

① https：//knowledge.autodesk.com/zh-hans/support/revit-products/learn-explore/caas/sfdcarticles/sfdcarticles/CHS/ System-requirements-for-Autodesk-Revit-2018-products.html

除了以上的几个因素外，网络、UPS、打印机等设备及设备的可移动性也是需要关注的问题，限于篇幅在此不再一一赘述。

在构建企业级 BIM 系统时，需要注意到作为一个涵盖了建设项目全生命周期的管理系统，BIM 系统除了处理自身的业务之外，还需要与应用不同业务系统的相关部门甚至是外部合作者之间存在关联关系。这就决定了企业级的 BIM 系统应该是一个跨专业、跨部门的平台。为了实现以上的目的，比较理想的系统应该是基于云技术构建的多层级云节点的网络系统。企业 BIM 系统平台典型架构如图 3-1 所示。

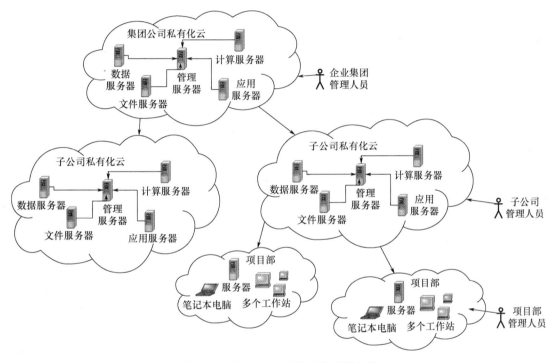

图 3-1　企业 BIM 系统平台典型架构

在这样的系统中，企业集团和子公司可以自行在虚拟的计算机群中搭建应用服务器、文件服务器和虚拟机计算集群，采用管理服务器统一调配部署在各地的应用服务器，对用户访问和数据存储、通信进行统一调配和管理。

企业集团节点主要集成各个分公司的数据，对分公司进行统一管控，实现统一的数据集成、沉淀与大数据的分析和挖掘，为智能化决策提供基础。

各个子公司可以根据自身的管理需求，建立子公司节点，实现子公司自有数据和上报企业集团数据的统一管控，从而保证在分公司对建设项目的统筹管理，也可以方便地控制数据访问权限，确保数据安全。

施工项目节点可以根据需求直接采用分公司节点，或者建立项目级服务器，以保证现场 BIM 数据变更、数据缓存分析等功能的及时快速响应。施工现场人员可以通过 PC 端、移动端与项目服务器交互，施工项目节点通过网络实现与分公司节点的数据集成。

3.1.2 BIM 应用的相关软件

【BIM软件】

【bSI认证BIM
软件列表】

在 BIM 的推广和应用中，BIM 软件的选择居于核心地位。目前，市场上的 BIM 软件大致可以划分为两类。

① 严格意义上的 BIM 软件。从最严格的 BIM 软件的定义来看，国际上一般认为只有通过国际 bSI 组织（building SMART International）IFC 认证的才能称为严格意义上的 BIM 软件，其典型代表如 Revit、Tekla、Microstation 及国产的广联达 TSA 软件等都属于这个范围。

② 广义上的 BIM 软件。这类软件一般没有通过 IFC 认证，往往也不完全具备 BIM 技术的特点，但是在 BIM 应用的过程中也常常用到，与 BIM 的应用具有很强的相关性。虽然业界有的人认为广义的 BIM 软件只能算作 BIM 相关软件，但是，在实际的运用过程中也并没有做严格的区分。

《建筑信息模型应用统一标准》（GB/T 51212—2016）定义 BIM 软件为"对建筑信息模型进行创建、使用和管理的软件"。这一概念所涵盖的范围基本与广义的 BIM 软件一致。

按照常用的分类标准，BIM 软件可以划分为八个类型，即概念设计及可行性研究软件、核心建模软件、分析软件、加工图及预制软件、施工管理软件、算量及预算软件、计划软件、文件协同及共享软件。具体的类型及典型软件的相关信息参见表 3-1～表 3-8。

表 3-1　概念设计及可行性研究软件

名　　称	厂　　商	BIM 用途
Revit	Autodesk	创建和审核 3D 模型
Dprofiler	Beck Technology	概念设计和成本估算
Bentely Architecture	Bentely	创建和审核 3D 模型
SketchUp	Trimble	3D 概念建模
ArchiCAD	Nemetschek	3D 概念建模
Vectorworks	Nemetschek	3D 概念建模
Tekla Structure	Trimble	3D 概念建模
Affinity	Trelligence	3D 概念建模
Vico Office	Vico Software	3D 概念建模

表 3-2　核心建模软件

名　　称	厂　　商	BIM 用途
Revit Architecture	Autodesk	建筑和场地设计
Revit Structure	Autodesk	结构建模
Revit MEP	Autodesk	机电设备

续表

名　　称	厂　　商	BIM用途
Bentely BIM Suite	Bentely	多专业建模
Digital Project	Trimble	多专业建模
SketchUp	Trimble	多专业建模
ArchiCAD	Nemetschek	建筑、机电、场地
Vectorworks	Nemetschek	建筑建模
Tekla Structure	Trimble	结构建模
Autodesk Civil 3D	Autodesk	土木、基础设施、场地处理

表 3 - 3　分析软件

名　　称	厂　　商	BIM用途
Robot	Autodesk	结构分析
Green building studio	Autodesk	能量分析
Ecotect	Autodesk	能量分析
Structual Analysis/ Building performance	Bentely	结构分析/详图、工程量 统计、建筑性能
Solibri	Solibri	模型检查及验证
VE-Pro	IES	能量和环境分析
RISA	RISA	结构分析
Energy Plus	美国能源部	能量分析
FDS	NIST	火灾分析
Apache HVAC	IES	机电分析
Fluent	Ansys	空气流动分析

国内结构分析软件 PKPM、广厦、盈建科等，日照分析软件 PKPM、天正等，机电分析软件鸿业、博超等可以归入 BIM 分析软件类型

表 3 - 4　加工图及预制软件

名　　称	厂　　商	BIM用途
CADPIPE	AEC design	加工图和工厂制造
Revit MEP	Autodesk	加工图
SDS/2	Design Data	加工图
Fabrication for AutoCAD MEP	East Coast	预制加工
CAD-Duct	Micro Application Packages	预制加工
PipeDesigner 3D/DustDesigner 3D	QuickPen	预制加工
Tekla Structures	Trimble	加工图

表3-5 施工管理软件

名　称	厂　商	BIM 用途
Navisworks Manage	Autodesk	碰撞检查
ProjectWise Navigator	Bentley	碰撞检查
Digital Project	Gehry Technology	模型协调
Solibri Model Checker	Solibri	空间协调
Synchro Professional	Synchro	施工计划
Vico Office	Vico Software	多种功能
Tekla Structures	Trimble	施工管理
广联达、鲁班的项目管理软件		

表3-6 算量及预算软件

名　称	厂　商	BIM 用途
QTO	Autodesk	工程量计算
Dprofiler	Beck Technology	估算
Visual Applications	Innovaya	预算
Vico Takeoff Manager	Vico Software	工程量计算
鲁班、广联达、斯维尔、神机妙算等的算量和预算软件		

表3-7 计划软件

名　称	厂　商	BIM 用途
Navisworks Simulate	Autodesk	计划
ProjectWise Navigator	Bentely	计划
Visual Simulation	Innovaya	计划
Vico Control	Vico Software	计划
广联达、斯维尔、PKPM 的计划软件		

表3-8 文件协同及共享软件

名　称	厂　商	BIM 用途
Buzzsaw	Autodesk	文件共享
Constructware	Autodesk	协同
SharePoint	Microsoft	文件共享、存储、管理
Project Center	Newforma	项目信息管理

3.2 国际主要 BIM 软件解决方案

早在 BIM 的概念提出之前，就已经有国际知名的软件厂商开始了相关领域的研发工作，其典型代表如图软（Graphisoft）的 ArchiCAD、Autodesk 的 ADT 等。2002 年，BIM 的概念提出之后，迅速受到了相关工程软件厂商的关注，开发了各种类型的 BIM 软件。特别是诸如 Autodesk、Bentley 为代表的大型软件厂商，更是围绕着多种不同需求，推出了一整套的 BIM 解决方案，以满足不同建设阶段及不同专业的需求。

【国际主要BIM软件
解决方案】

3.2.1 Autodesk 的解决方案[①]

作为世界最大的工程软件开发商及 BIM 概念的提出者，Autodesk 推出了一整套适用建筑业多专业多阶段需求的 BIM 软件。详细情况见表 3-9。需要特别注意的是，由于部分软件可以跨不同的领域使用，但是其在不同领域发挥的作用不同，为了能更好地说明问题，在不同的领域中这些软件根据发挥的作用不同分别列出。

表 3-9 Autodesk BIM 解决方案

建模平台	云平台	专业软件，作用	应用领域
Revit 创建信息模型	BIM 360 云协作平台	AutoCAD，设计和文档编制	建筑设计
		3ds MAX，3D 建模，动画及渲染	
		Dynamo Studio，面向 Revit 的开源可视化编程扩展程序	
		ReCAP PRO，现实捕捉及 3D 建模软件	
		Collaboration For Revit，通过对 Revit 模型的集中访问，实现云协作	
		Navisworks，审阅集成模型和数据，控制项目成果	
		Advanced Steel，钢结构 3D 建模详细设计	结构工程
		Robot Structural Analysis，高级结构分析软件	
		Collaboration For Revit，通过对 Revit 模型的集中访问，实现云协作	
		Navisworks，审阅集成模型和数据，控制项目成果	
		Fabrication Cadmep，Revit 模型扩展，绘制现场详细施工图	MEP 工程
		Fabrication EstMEP，成本管理及辅助投标	
		Fabrication Camduct，驱动管道系统钣金零部件基于模型的制造	
		Point Layout，使用模型点云数据，提高现场安装效率	
		Infraworks，规划、设计和分析地理空间和工程	基础设施
		AutoCAD Civil 3D，土木工程设计和施工文档编制	
		ReCAP，现实捕捉及 3D 扫描	
		Navisworks，审查集成成果，执行冲突检查和施工模拟	施工管理
		AutoCAD，创建施工详细设计文档	
		Collaboration For Revit，通过对 Revit 模型的集中访问，实现云协作	
		ReCAP，获取现场条件，比较设计意图与施工进度	
		BIM 360 OPS，通过移动端的设施和维护管理	

---

① 根据 https：//www.autodesk.com.cn/solutions/bim 中的资料信息整理而成。

在 Autodesk 的 BIM 解决方案中，居于核心基础地位的是 Revit。关于该软件的相关情况将在本书第 4 章详细介绍，此处不再赘述。随着云技术的快速发展，Autodesk 推出了 BIM 360 服务。该服务包含一系列基于云技术的服务，使建设项目的参与者和用户可以在整个建设项目全生命周期内随时随地访问项目 BIM 信息。BIM 360 包括 Glue、Schedule、Layout 和 Fields 四个部分，可以方便地实现与其他基于 BIM 的设计、施工、运维套件的配合使用。

3.2.2 Bentley 的解决方案

Bentley System（中文名奔特力）于 1984 年在美国成立，是一家国际领先的综合软件解决方案供应商。其早期的 CAD 产品 Microstation 获得了巨大的成功，特别是在工业、基础设施等领域得到了广泛的应用。Bentley 的软件产品涵盖了工业与民用建筑、道路、桥梁等各个领域，其提供的软件产品多达几百种，其中 BIM 主要产品如表 3 - 10 所示。

表 3 - 10 Bentley BIM 解决方案[①]

信息模型发布及浏览	工程数据管理平台	专业应用软件，作用		应用领域
i-Model 各专业模型/ 信息发布 工具	Navigator 模型浏览 审查工具	ProjectWise 协同管理 环境	Microstation 2D/3D 一体 化图形 应用平台	Contex Capture，实景建模	地理
				Point Cloud，点云建模	
				Bentley Map，地理信息	
				SITEOPS，场地设计	
				Survey，勘测数据	场地 路桥
				Terrain Modeling，地形建模	
				Horizontal Geometry，平面曲线	
				Vertical Geometry，纵面曲线	
				Corridor Modeling，廊道建模	
				Site Modeling，场地建模	
				SUE，地下管网	
				Track Design，轨道设计	铁路
				Turnouts，道岔设计	
				Ballast modeling，道砟设计	
				CANT/Superelevation，超高设计	
				OverHeadLine，接触网	
				AECOsim Architecture，建筑建模	建筑
				AECOsim Structural，结构建模	
				ProConcrete，混凝土结构配筋	
				ProSteel，钢结构详图	
				STAAD. Pro，钢结构分析计算	
				AECOsim Mechanical，暖风水建模	
				OpenPlant Piping，压力管道建模	
				BRCM，电缆桥架	电气
				Substation，厂用电气	
				Bentley P&W，仪表	
				AECOsim Electrical，照明电气	
				第三方软件	

---

① 根据 https：//www.bentley.com/zh 资料信息整理而成。

在建筑、结构、设备、电气四个专业领域，Bentley 开发了 AECOsim Building Designer（简称 ABD）设计软件。ABD 不是单一的一款软件，而是围绕着四大专业领域设计需求、基于 Microstation 开发的一系列软件，其中包括了 Architectural（建筑）、Structural（结构）、Mechanical（设备）、Electrical（电气）等一系列的设计软件。在软件架构上，它们形成了一个整体、协同的设计环境，可以完成四个专业从模型创建到碰撞检查、图纸输出、统计报表、效果图、动画制作等的整个工作流程。特别值得一提的是，相较于 Autodesk 的产品，Bentley 的产品对硬件配置要求相对较低，普通的计算机系统即可满足其运行要求，有利于降低系统建设的成本。Bentley 基于 BIM 的解决方案是各个团队以 ProjectWise 为协同工作环境，对工程成果分阶段、分权限进行控制。ProjectWise 是一个优秀的运营管理平台，通过该平台，各方可以及时、迅速、便捷地获取到所需的文件及数据，从而实现在施工过程中对全部资料的掌握。而对不同设计文档的读取、检查，以及碰撞检查、施工模拟、渲染、动画制作等操作，可以通过 Navigator 系统进行。如图 3-2 所示为 BentleyABD 窗口界面。

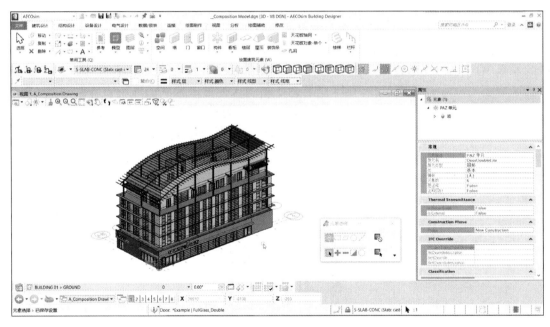

图 3-2　BentleyABD 窗口界面

3.2.3　Graphisoft 的解决方案

Graphisoft 公司于 1982 年由 Gabor Bojar 和 Istvan Gabor 在匈牙利首都布达佩斯创建。其推出的 ArchiCAD 是世界上最早的 BIM 软件，不过，当时其用 VBM（Virtual Building Model）描述其产品。2007 年，Graphisoft 被德国 CAD 厂商 Nemetschek 收购，现在属于该集团旗下品牌之一。

ArchiCAD 支持大型复杂模型的创建和操控，具有业界首创的"后台处理支持"功能，能更快速生成复杂模型的细节。其还提供了 GDL（Geometric Description Language）

参数化程序设计语言，可以通过程序语言快速定义智能化参数驱动 2D/3D 构件。目前，Graphisoft 的主要 BIM 产品有以下几种[①]。

① ArchiCAD：建筑建模及模型应用环境。

② MEP Modeler：是 ArchiCAD 的一个扩展功能，通过插件方式来创建、编辑或者导入 3D MEP 管网，并通过 ArchiCAD 进行碰撞检测和专业协调。使用这个工具，建筑师和工程师们可以在设计和建造过程中能得到更多的预知结果，缩短时间，减少浪费，控制成本，能更好地协调建设项目。

③ Ecodesigner / Ecodesigner Star：是 ArchiCAD 的插件，将 BIM 转化为多热区的建筑能量模型（BEM），可以进行迅速、高效、高质量的建筑性能模拟，同时可以在 Archi-CAD 中生成相应的报告。

④ BIMcloud：是一个针对企业级 BIM 实施的云解决方案。客户可以将其运用在现有的服务器上，也可以在私有云、公有云的基础设施平台上以任意组合方式组合。它从概念和技术上将硬件层和管理层分开，在 BIM 协同和团队与项目管理上达到了一个全新的水平。

⑤ BIMx/BIMx Pro：BIMx 是一套桌面和移动软件工具，以交互方式呈现使用 Archi-CAD 等软件创建的建筑信息模型的 3D 模型和 2D 文档。系统基于 iOS、Android、Mac OS X 或 Windows 等操作系统开发的原生查看器应用程序，可以查看导出文档格式为 BIMx 的 2D 图纸的 3D 模型。BIMx 以类似于第一人称射击游戏的互动方式呈现 3D 建筑模型。客户、顾问和建筑商可以在 3D 模型中虚拟穿行并进行测量，而无须安装建模软件。实时剖分功能可以帮助发现所显示建筑模型的构造细节。可以通过 BIMx Hyper-model 的 3D 模型视图直接访问 2D 构建文档，以提供关于建筑物的更多详细信息。

如图 3-3 所示为 ArchiCAD 22 窗口界面。

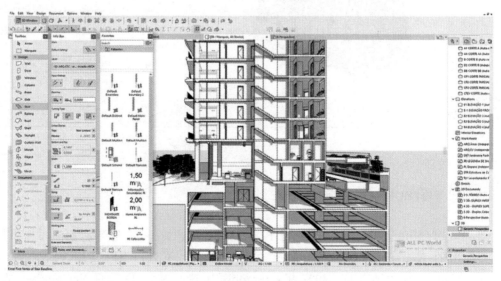

图 3-3　ArchiCAD 22 窗口界面

① http：//www.graphisoft.cn/bim/product

3.2.4 Trimble 的解决方案

Trimble（中文名天宝）公司成立于 1978 年，总部设在美国加利福尼亚的 Sunnyvale。Trimble 目前是世界上最大的 GPS 设备开发生产商，在测绘设备的研发领域处于领先地位。近年来，随着 BIM 技术的日益广泛运用，Trimble 开始关注将 BIM 技术与自身原有的技术、设备的整合，试图构建涵盖软硬件、跨越多个专业领域的 BIM 应用解决方案。特别是通过一系列的收购行动，Trimble 将多个世界知名的 BIM 软件系统收入囊中，成为其 BIM 拼图的一个组成部分。目前，其主要的 BIM 软件包括 SketchUp 和 Tekla。

1. SketchUp[①]

Trimble SketchUp 中文俗称为"草图大师"，是一款面向建筑师、景观设计师、城市规划师、室内设计师等各个专业人员的 3D 建模系统，适合表达从方案到施工直至室内装修各个阶段的三维模型。其建模的特点是直观、灵活、简单易用、模型的三维表达清晰，同时，由于其模型属于轻量化模型，非常适合于沟通交流，可以在多个领域中广泛应用，如图 3-4 所示为 SketchUp Pro 2018 for MAC 版的界面。SketchUp 的 3D Warehouse 组件库带有大量的门、窗、柱、家具等组件以及建筑肌理边线处理所需要的材质库，如图 3-5 所示。通过 Warehouse 可以上传组件，也可以浏览其他的组件及模型。

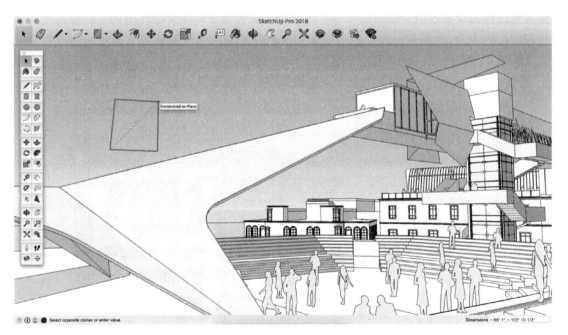

图 3-4 SketchUp Pro 2018 for MAC 版界面

---

① https：//www.sketchup.com/zh-CN

图 3 - 5　SketchUp 的 3D Warehouse 组件库

2. Tekla①

Tekla 原来是芬兰 Tekla 公司开发的钢结构详图设计软件。2011 年，Trimble 收购了 Tekla。目前，Tekla 中包括了 Tekla Structures 和 Tekla BIMsight。其中核心的产品是 Tekla Structures。Tekla Structures 的功能包括 3D 实体结构模型建模、3D 钢结构细部设计、3D 钢筋混凝土设计、模型管理、自动生成图纸报表等。其中，应用最为广泛的应该是其钢结构模块 Steel Detailing。Steel Detailing 支持钢结构深化设计的相关功能，支持创建钢结构的 3D 深化模型，并以此为基础生成相应的制造和安装信息。同时，由于其具有丰富的组件库，因此，可以使整个建模工作相当的高效。如图 3 - 6 所示为 Tekla Structures 窗口界面，图 3 - 7 为某项目 Tekla 钢结构模型渲染图。

图 3 - 6　Tekla Structures 窗口界面

<hr />

① https：//www.tekla.com/ch

图 3 - 7　某项目 Tekla 钢结构模型渲染图

3.2.5　Dassault 的解决方案

Dassault（中文名达索）集团是法国著名的飞机生产企业，1977 年，该公司开发了一款用于飞机设计的软件系统——CATIA。1981 年，Dassault 集团将软件的开发及销售业务剥离出来，成立了一家专业的软件公司 Dassault System，经过多年的发展，该公司已经成为国际顶级的从事 3D 设计软件、3D 数字化实体模型和产品生命周期管理（PLM）解决方案的公司，为航空、汽车、机械、电子、工程建设等各行业提供软件系统服务以及技术支持[1]。

CATIA 最早用于飞机设计领域，作为功能最为强大的 3D CAD 软件系统，由于其具备独一无二的曲面建模能力和强大的分析能力，因而迅速地扩展到了包括建筑业在内的各个专业领域。

在建筑业当中，CATIA 可以提供包括建模、模拟和可视化建设项目在内的完整解决方案。相较于其他软件系统，CATIA 的优势表现在：① CATIA 整体功能强大，可创建任意实体，曲面造型独树一帜，适合于复杂造型、超大体量、预制装配式等建设项目的概念设计、详细设计及加工图设计等；② CATIA 提供参数化设计功能，可实现参数和模型的关联更新；③ CATIA 产品知识模板（Product Knowledge Template，PKT）允许用户方便和交互式的捕捉工程技术方法，以进行高效的重用，共享最佳经验，避免因为现有设计太复杂或难以理解，而无法重现的设计所带来的重复性劳动。CATIA 产品界面如图 3 - 8 所示。

在介绍 CATIA 的同时，不能不提到的是另外一款软件 Digital Project。Digital Pro-

---

① https：//www.3ds.com

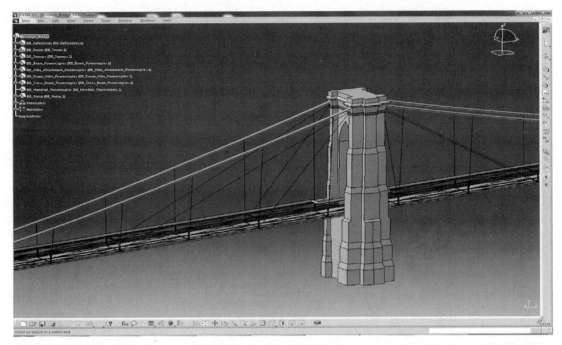

图 3-8 CATIA 产品界面

ject 是 Gehry Technologies 公司开发的一款基于 CATIA 的 CAD 应用程序。Gehry Technologies 是一位建筑大师 Frank Gehry 创建的信息技术公司。Gehry Technologies 从建筑师的需求出发，以 CATIA 为基础通过大量的二次开发，实现了 CATIA 在建筑设计专业领域的性能提升，获得了广泛的业界认可。2014 年，Trimeble 公司收购了 Gehry Technologies 公司，将其整合进了自己的产品线。

3.3　国内主要 BIM 软件

3.3.1　我国 BIM 软件行业发展概述

【国内主要BIM软件】

　　虽然在发展及应用水平上存在一定差距，但是 BIM 在我国开始推广和应用的时间与西方发达国家差距不大。目前，BIM 在我国发展得如火如荼，已经初步形成了一个融软件开发、设备制造、信息技术咨询服务为一体的完整产业链，在与房地产、各项建筑工程相结合的过程中，逐渐体现其优势。

　　BIM 软件产业是整个 BIM 产业的核心与根基。国内 BIM 软件市场上，以 Autodesk、Bentley、Graphisoft 等为代表的国外软件厂商依然在 BIM 设计类软件领域占据绝对优势。但近几年国内 BIM 软件厂商开始由建造、施工 BIM 软件向协同协作端软件发力，不断将触角伸向产业链上下游，通过本地化产品和配套的技术服务支撑，取得了相当好的成绩。因为 BIM 软件研发需要大量的资金投入，该领域我国尚缺乏具备国际竞争力的企业，目前国内较有实力的 BIM 研发企业主要有广联达、鲁班、斯维尔、建研科技、鸿业、品茗等软件厂商。同时，伴随着我国经济实力的增强，已经开始有国内企业进入国际市场，通过并购、参股等形式收购国际知名的 BIM 软件企业及产品，较为典型的如广联达 2014 年以 1800 万欧元收购全球领先的 MEP 设计和施工软件公司芬兰 Progman Oy 公司 100% 股权，使其在实现产品全生命周期覆盖上更进一步，同时，公司也获得了进入欧洲市场的桥头堡，成为实现公司全球化战略中的重要一环。

另外，从软件工程角度看，在发达国家中，与软件应用密切相关的需求分析、流程再造等信息技术咨询服务在软件全产业链中一般占据 30% 份额。近年来，我国与 BIM 相关的信息技术咨询服务市场也将快速增长，已经形成了一个蓬勃发展的 BIM 技术咨询市场，并诞生了一批具备较强实力的咨询服务企业。

3.3.2　广联达软件

广联达科技股份有限公司成立于 1998 年，其业务范围包括工程造价、工程施工、工程信息、工程教育、企业管理、公共资源交易服务、新金融等十余个领域的近百款产品。广联达的 BIM 软件主要包括建模与算量、BIM 应用软件与广联云系列软件。其设计理念为基于广联达的建模标准，精确建立土建、钢结构、安装等各个专业的模型。然后，将模型导入广联达 BIM 5D 施工协同平台进行集成，实现为施工过程中的各项工作提供决策的信息基础。广联达 BIM 目前主要的产品线如图 3-9 所示，在此主要介绍部分核心软件。

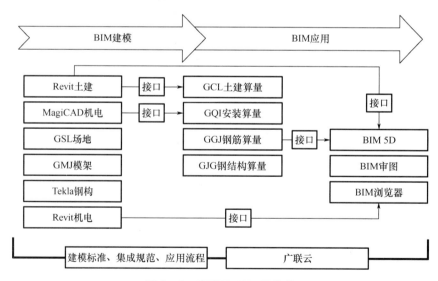

图 3-9　广联达 BIM 产品线

1. 建模与算量

广联达的 BIM 建模及算量产品涵盖土建、钢筋、安装、钢结构等多个专业，提供了根据 2D 图纸快速识别建模、智能布置快速建模等多种灵活的建模方式，辅助用户快速建立建设项目 3D 模型，进而根据各地的算量规则实现工程量的计算。另外，也可以使用广联达自主开发的转换接口插件，将 Revit 等设计软件所建立的模型数据导入到对应的算量软件中。

2. BIM 5D

如图 3-10 所示，广联达 BIM 5D 是广联达 BIM 系列软件的核心。BIM 5D 平台集成土建、机电、钢结构等全专业的数据模型，同时，以数据模型为载体，实现合同、进度、物资、质量、安全等业务信息的关联，通过 3D 模型漫游、施工流水段划分、工况模拟、复杂节点模拟、施工交底、形象进度查看、物资提量、分包审核等核心应用，辅助相关人员进行有效决策和精细化管理，从而达到减少项目变更、缩短工期、控制成本、提升建设项目质量的目的。

图 3-10 广联达 BIM 5D

3. 广联云

广联云是一个简单、高效的项目协作平台，其依托云计算及互联网技术建立虚拟的项目协作环境，连接建设项目的人员、数据及流程，实现成员管理、信息沟通、项目图档集中存储及分发、工作流程控制等基本功能。项目成员可以通过多种不同的终端，访问项目信息及数据，在线浏览几十种数据格式的文件，从而实现团队成员的高效协作。

3.3.3 鲁班软件

鲁班软件股份有限公司成立于 2001 年，经过多年发展已经形成了涵盖 8 大阶段，包括 38 大项、106 个应用的产品体系，其基本体系如图 3-11 所示。

其中，建模算量软件系列的软件分为三类：① 基于 AutoCAD 开发的建模算量工具，在 2013 年后已经全部免费；② 建模软件的增值服务，分别对应土建、安装和钢筋三个专业，每个专业提供云功能和 BIM 功能两项，主要在云端进行模型合理性检查，针对不同专业的在线构件库，与类似工程的算量指标做对比判断合理性，自动清单定额套取；

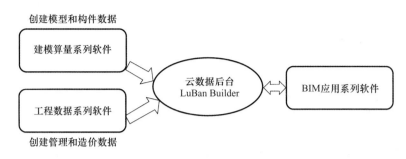

图3-11 鲁班BIM产品基本体系

③ 导出插件，针对国内外主流的几款建模软件，如 Revit、Tekla、Civil3D、Bentley 和犀牛等，安装这些插件之后可以直接把模型数据导出到鲁班系统里。工程数据系列软件目前主要实现工程数据的生成、管理和应用等方面的功能。

鲁班 BIM 系列应用软件由多种不同功能及用途的软件组成，提供基于 BIM 的施工应用、项目协同、企业管理及移动应用四个方面的若干种软件，满足不同应用场景下的各级各类 BIM 应用方的需求。

云数据后台则为整个 BIM 应用系统提供云平台的支持。

3.4 BIM 与新技术的结合

3.4.1 BIM 与三维激光扫描

三维激光扫描是集光、机、电和计算机技术于一体的高新技术，主要用于对物体的空间外形、结构及色彩进行扫描，以获取物体表面的空间坐标。其具有测量速度快、精度高、使用方便的优点。采用高速激光测量的方法，通过所生成的点云（Point Cloud），可以快速获取大面积、高分辨率的被测量对象表面三维坐标，为快速建立物体三维影像提供了一种全新的技

【BIM与新技术的结合】

术手段，因此，也被称为实景复制技术。如图3-12所示为某旧厂房改造项目中，运用三维激光扫描仪对项目现状进行扫描所获取的厂房外部和内部结果。图3-13为某古建筑运用三维激光扫描进行反向建模、出图所形成的成果。

BIM 与三维激光扫描的集成应用，就是将 BIM 模型与三维激光扫描所获取的模型进行对比、转换和协同，达到辅助工程质量检查、快速建模、减少返工的目的，可以高效地解决传统的技术手段无法解决的问题。目前，在施工质量检查、辅助实际工程量统计、预制构件的预拼装等方面其体现出极高的应用价值。例如，将施工现场的三维激光扫描结果和 BIM 模型进行对比，可以检查发现现场施工情况和设计要求之间的差别，协助发现现场施工的问题，相较于传统模式下拿着图纸、皮尺在现场检查的手工作业，效率有了巨大的提升。如图3-14所示为某酒店项目运用三维激光设备所生成的结果与 BIM 模型对比分析，所得出的钢结构施工偏差的结果。

目前，市场上常见的三维激光扫描仪品牌包括天宝、法如、徕卡、拓普康等。下面以

（a）厂房外部

（b）厂房内部

图 3 - 12　某旧厂房运用三维激光扫描结果

（a）三维激光扫描结果

（b）扫描结果建模

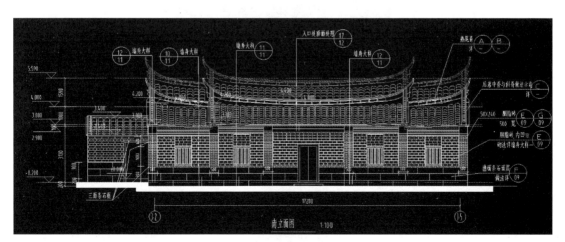

（c）生成的二维图纸

图 3-13　某古建筑运用三维激光扫描进行反向建模、出图

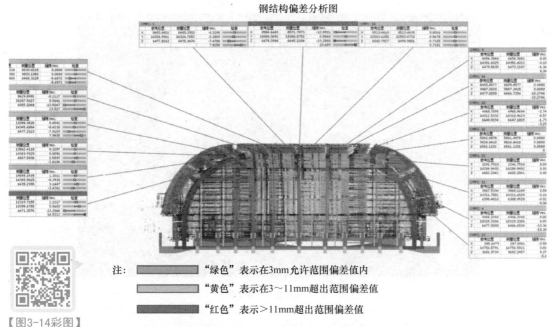

注：
"绿色"表示在3mm允许范围偏差值内
"黄色"表示在3~11mm超出范围偏差值
"红色"表示>11mm超出范围偏差值

【图3-14彩图】

图3-14 某酒店项目运用三维激光扫描仪检查施工质量

【三维激光扫描】

法如 Focus^S 350 为例，对该设备进行介绍。Focus^S 350 是法如旗下一款超长扫描距离（350m）的便携式三维激光扫描仪，其内置的高像素 HDR 相机使其能在亮度急剧变化的条件下捕捉扫描数据进行自然颜色的叠加，工业标准异物防护（IP）等级认证 IP54 级的密封设计使其能适合各种复杂的现场条件。该设备的外形如图 3-15 所示。

图 3-15 法如 Focus^S 350 设备外观

3.4.2 BIM 与智能全站仪

全站仪是重要的测量设备。近年来，随着技术的进步，全站仪正在向自动化、智能化的方向发展。智能全站仪（也称放样机器人或测绘机器人）由电机驱动，在相关程序的控制下，实现无人干预状态下的自动化多个目标识别、照准与测量，并且可以实现在无反射棱镜情况下的一般目标直接测距。

【BIM放样机器人】

BIM 与智能全站仪的集成应用，就是通过对相关软硬件的整合，将 BIM 模型带入施工现场，利用 BIM 模型中的三维空间坐标数据，驱动智能全站仪进行测量。将现场测得的实际数据与模型中的数据进行对比，核对现场状态与模型之间的偏差，在为各个专业深化设计的同时，基于智能型全站仪高效精确的放样定位功能，结合施工现场的轴网、控制点及标高控制线，将设计成果在施工现场进行标定，实现高效、精确的施工放样，为现场施工提供依据。进一步，也可以利用其现场数据采集功能，在施工完成时进行现场实物测量，通过观测数据与设计数据的对比，检查施工质量。

相较于传统的施工放样方法，BIM 与智能全站仪的集成方法，精度可以控制在 3mm 以内，远高于一般施工精度的要求。而且，其可以实现单人操作，一人一天可以完成几百个放样点的定位，效率提高数倍。早期由于智能全站仪的价格高昂，其在国内应用范围仅限于少数典型项目。近年来，由于市场竞争加剧及制造成本的降低，其价格已经不断下降，实现了更大范围的推广应用。如图 3 - 16 所示为某项目施工人员使用智能全站仪进行施工放样。

图 - 16 某项目施工人员使用智能全站仪进行施工放样

　　下面以天宝的 BIM to Field 解决方案为例介绍智能全站仪的使用。天宝的 BIM to Field 施工技术衔接 BIM 设计到施工快速精确放样定位，通过三维扫描技术，智能全站仪快速精准定位技术可帮助承包商全面掌握现场的项目进程，紧密衔接 BIM 设计。BIM to Field 中的配置为天宝智能全站仪＋Tablet 平板电脑（或手簿）。其中，天宝 Tablet 平板电脑（图 3-17）可以显示 BIM 模型，用来展示、检查、放样；配合搭载天宝 VISION 技术的 RTS 773 智能全站仪（图 3-18），可以在触摸屏上对作业对象完成测量放样等工作，仪器自动照准目标，手指点向哪里，就能获取相应的数据。

图 3-17　天宝 Tablet 平板电脑

图 3-18　天宝 RTS 773 智能全站仪

在实际工作过程中，Tablet 平板电脑与智能全站仪之间以无线方式实现通信，通过 Tablet 平板电脑远程控制设备。因此，施工人员可以同时持棱镜离开主机，按照屏幕提示，在现场寻找目标点，然后遥控设备进行测量，并将测量结果传输或存储到 Tablet 平板电脑中，实现单人操作。图 3-19 所示为某项目施工现场，工程技术人员正在操作智能型全站仪。

图 3-19　某项目施工现场智能全站仪操作

3.4.3　BIM 与虚拟现实

虚拟现实是仿真技术的一个重要方向，是仿真技术与计算机图形技术、多媒体技术、传感技术、网络技术等多种技术的结合。虚拟现实设备利用计算机（或拥有计算能力的相关设备）生成一种虚拟环境，将多种源信息融合，建立起交互式的三维动态视境和感知，使用户沉浸到该环境中，产生逼真的视、听、触、力等三维的感知。

目前虚拟现实主要的技术方案有 VR（Virtual Reality，虚拟现实）、AR（Augmented Reality，增强现实）和 MR（Mix Reality，混合现实）。这三种技术在感知性、存在感、交互性、自主性以及关键技术上存在着较大的差别。

BIM 与虚拟现实技术的集成，可以有效应用于投资分析、建筑设计、虚拟建造、虚拟装配、房地产营销、应急演练、人员培训等领域。例如在建筑设计领域，以 BIM 模型为基础，创建交互式的三维虚拟场景。通过虚拟现实设备，可以使相关人员浸入式地融入场景中，通过实时的观察发现设计中存在的不足之处。这种方式，相较于在计算机屏幕上观看三维模型，更加直观，观察者的体验感更强、效果更好。

　　虚拟现实设备主要的品牌包括 HTC、Oculus 等。下面以目前使用最为广泛的 HTC Vive 为例介绍系统的基本情况。HTC Vive 是由 HTC 开发的一款 VR 头显（虚拟现实头戴式显示器）产品，其主要的设备包括一个头戴式显示器、两个单手持控制器、一个能于空间内同时追踪显示器与控制器的定位系统（Lighthouse），如图 3-20 所示。其中，头显使用了双 OLED 屏幕，单眼有效分辨率为 1200×1080，双眼合并分辨率为 2160×1200，如图 3-21 所示。使用的情况如图 3-22 所示。

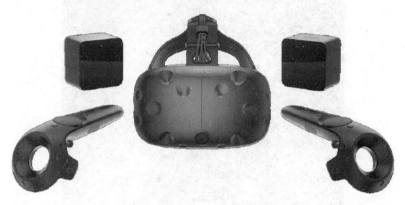

图 3-20　HTC Vive 硬件设备

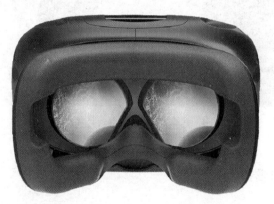

图 3-21　HTC Vive 头显

图 3-22　使用 HTC Vive 系统

在使用时，HTC Vive 系统在相关软件系统（如 Autodesk Revit Live、Fuzor 等）的支持下，实现对沉浸式环境的交互式浏览，如图 3-23 所示为通过 HTC Vive 查看某游泳馆项目入口的设计方案，实现对方案设计效果的验证。

图 3-23　通过 HTC Vive 查看某游泳馆项目入口的设计方案

值得注意的是，由于技术条件限制，目前虚拟现实设备和技术还处于发展的初期，还有许多技术问题需要解决，如虚拟体验较差、交互性不好、缺乏统一标准、容易眩晕和疲劳等。随着信息技术日新月异的发展，在这些问题得到解决后，BIM 和虚拟现实的集成应用会迎来一个更大的发展。

本 章 小 结

　　BIM 系统是 BIM 应用的基础，相较于传统的 2D 系统，BIM 系统的性能要求有着明显的提升。在进行系统建设时，需要综合考虑多种因素，选择性价比适当的系统架构。BIM 软件是 BIM 应用的核心，本章分别介绍了 BIM 软件的确定标准，分类及各类型的主要代表软件，详细分析了国际和国内主要的 BIM 软件系统的组成及特点，为建设项目的实际应用奠定了基础。

思 考 题

1. BIM 系统的计算机设备选型时，需要综合考虑哪些因素？
2. 什么样的软件可以被认为是 BIM 软件？如何看待其评价标准。
3. BIM 软件的分类有哪些？各自主要的代表软件是什么？
4. 国际主要的 BIM 解决方案有哪些？各自有什么特点？
5. 我国主要的 BIM 软件系统有哪些？如何看待它们之间的异同？
6. 有哪些新技术可以与 BIM 技术结合？具体的应用点有哪些？

第二篇

BIM建模

第4章
Revit基础

📚 本章要点

(1) Revit 的应用范围及特点。
(2) 项目及项目样板的概念。
(3) 族的概念及类型，图元的概念及类型。
(4) 参数化建模的概念及特点。
(5) Revit 的界面组成。
(6) Revit 的基本操作方法。
(7) Revit 的建模过程。
(8) Revit 模型的应用。

📚 学习目标

(1) 掌握 Revit 的基本概念（项目与项目样板、图元与族），参数化建模的概念及特点。
(2) 熟悉 Revit 建模过程及模型的应用。
(3) 了解 Revit 的应用范围及特点，界面组成及基本的操作方法。

4.1　Revit 概述

　　Revit 是 Autodesk 公司 BIM 软件系列中最重要的产品，也是目前我国建筑业 BIM 体系中影响最大、运用最广泛的产品。Revit 最早是一家名为 Revit Technology 的公司所开发的三维参数化设计软件，其最早的适用范围主要是制造业。Revit 的原意是 "Revise Immediately"，即 "所见即所得"。2002 年，Autodesk 公司以 2 亿美元收购了 Revit Technology，将

【Revit概述】

Revit 作为 Autodesk 三维设计解决方案的核心软件，同时，还提出了 BIM 的概念。经过多年的发展，Revit 已经是集建筑、结构、设备等多专业于一体的全方位 BIM 平台。Revit 还提供了功能强大的应用程序开发接口（API），有众多的关联企业基于 Revit 开发程序插

件，拓展其功能，形成了以 Revit 为基础的 BIM 应用生态。目前，Revit 已经成为全球影响力最大的三维参数化 BIM 设计平台和数据创建平台。

应用 Revit 除了可以建立真实的建设项目 3D BIM 模型之外，还可以在其中生成图纸、表格及工程量清单等信息。由于这些信息都是基于 BIM 模型，所以当模型发生改变时，Revit 将自动更新所有相关的信息（包括所有的图纸、表格、工程量清单等）。Revit 具有强大的参数化建模、各个专业之间数据互通的功能，因此，基于 Revit 可以轻松实现建筑、结构、设备等专业之间的 3D 协同设计、碰撞检查等操作。除了设计阶段之外，Revit 所建立的 BIM 模型还可以在建设项目的各个阶段进行流转，优化整个建设项目的信息传递流程。

Revit 具有以下特点。

① 可视化。通过 Revit 所建立的建筑物 3D 模型在整个项目的设计、施工、运维等过程中实现全程可视化，实现真正意义上的"所见即所得"。

② 协调性。各个专业在建设项目流程中进行综合、协调，利用软件的"碰撞检查"及"协同设计"功能，提前发现并解决各个专业之间存在的不协调因素，提前采取措施防患于未然。

③ 模拟性。在设计阶段，可以对能耗、光照等进行模拟，寻找更为适应项目需求的设计方案。在施工阶段可以进行施工工艺及专项施工方案的模拟，并将模拟结果用于指导施工。在后期的运维阶段，可以进行安全预案等的模拟和分析。

④ 可优化性。对建设项目设计、施工方案进行优化，可以有效降低项目成本、缩短工期、提高工程质量。

⑤ 可出图性。具备强大的模型与图纸的联动功能，充分保证设计与图纸等成果的一致性与可靠性。

Revit 的应用领域极为广泛，可以充分满足各种不同的专业领域需求。除了满足传统的民用建筑领域的需求外，在数字工厂设计、道路桥梁、水利水电等行业都有广泛应用。

4.2　Revit 的基本术语

【Revit的基本术语】

相较于传统的 AutoCAD 等二维 CAD 工具，Revit 具有完全不同的概念体系、软件设计思路及数据存储格式。在学习软件使用之前，要充分了解这些基本概念，为后续的软件学习奠定坚实的基础。

4.2.1　项目与项目样板

在 Revit 当中，所有的设计模型、视图及信息都保存在一个扩展名为".rvt"的项目文件当中。在 Revit 中，项目是单个设计信息数据库，包含了建筑物的所有设计信息（从几何图形到构造数据等）。这些信息保存在项目文件中，用于设计模型的构件、项目视图和设计图纸。通过使用单个项目文件，Revit 使用者不仅可以轻松地修改设计，还可以使修改反映在所有关联区域（平面视图、立面视图、剖面视图、明细表等）中，仅需跟踪一个文件，同时也方便了项目管理。

在 Revit 中新建项目时，需要用到一个扩展名为".rte"的文件作为项目的初始条件，这个扩展名为".rte"的文件被称为项目样板文件。熟悉AutoCAD的读者可以将Revit的样板文件类比于AutoCAD的".dwt"模板文件。在项目样板文件中定义了新建项目的初始参数,如项目的默认度量单位、楼层数量设置、层高信息、线型设置、显示设置等。默认情况下,在Revit中已经提供若干样板文件,用于不同的规程和建筑项目类型。同时,用户也可以创建自定义样板以满足特定的需要。可以通过Revit的"选项"对话框来查看当前系统中的项目样板文件设置情况,如图4-1所示。

图4-1 Revit的项目样板设置

也可以在新建项目时,使用"新建项目"对话框中的"浏览"按钮找到所需要的样板文件,如图4-2所示。

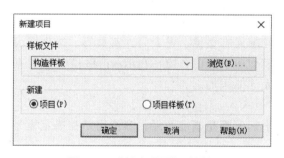

图4-2 "新建项目"对话框

这里需要特别说明一个问题,初学者非常容易混淆项目文件和样板文件,经常出现要创建项目文件时错误地创建成了样板文件的问题。发生这种情况时,只需要重新创建一个项目,把所创建的样板文件作为新项目的样板文件来创建项目,然后按照正确格式保存项目文件即可解决这个问题。

4.2.2 图元与族

1. 图元

图元(Element)是Revit中可以显示的模型元素的统称。它既可以是墙、梁、柱、板等构成模型的实体，也可以是抽象化的标高、轴网，或者是标注、文字等。Revit 的图元可以划分为三个类型，每个类型下面又可以划分为若干个子类。Revit 的图元基本情况如图 4-3 所示。

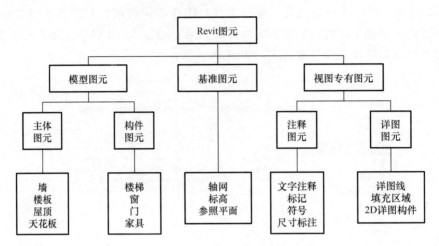

图 4-3　Revit 的图元基本情况

（1）模型图元

表示建筑的实际三维几何图形，显示在模型的相关视图中。如墙、窗、门和屋顶、结构墙、楼板、坡道等。其又可以划分为主体图元和构件图元两个子类。

主体图元指的是组成模型的主要单元，这些图元的参数由系统预先设置好，用户不能随意添加参数，只能通过复制主体图元后修改相应参数，来达到创建新主体图元的目的，常见的主体图元包括墙、楼板、屋顶、天花板等。

构件图元指用户可以自行设计图元形式、类型，添加参数，以满足参数化建模多样性要求的图元，常见的构件图元有楼梯、窗、门、家具等。构件图元中有部分图元必须依附于主体图元才能添加到模型中，如门、窗，在 Revit 项目中不能直接将这些图元添加到模型中，必须依附于墙图元才能添加。

（2）基准图元

轴网、标高和参照平面等都是基准图元，其作用是在确定模型中构件的空间位置的时候提供参考和依据。

（3）视图专有图元

这些图元只显示在放置它们的视图中，它们可帮助对模型进行描述或归档。其可以划分为注释图元和详图图元两个子类。

① 注释图元是对模型进行归档并在图纸上保持比例的二维构件，例如，尺寸标注、标记和注释记号都是注释图元。

② 详图图元是在特定视图中提供有关建筑模型详细信息的二维项。示例包括详图线、填充区域和二维详图构件。

2. 族

Revit 中的各种图元都是使用族（Family）来创建的，可以说，族是 Revit 建模的基础与核心。族是某一类别中图元的类，是根据参数（属性）集的共用、使用上的相同和图形表示的相似来对图元进行分组，一个族中不同图元的部分或全部属性可能有不同的值，但属性的设置是相同的。

Revit 中的所有图元都是基于族的。族是 Revit 中使用的一个功能强大的概念，有助于使用者轻松地管理数据和进行修改。每个族图元能够在其内定义多种类型，根据族创建者的设计，每种类型可以具有不同的尺寸、形状、材质设置或其他参数变量。如图 4 - 4 所示是窗族与族类型的关系。

使用 Revit 的一个优点是不必学习复杂的编程语言，便能够创建自己的构件族。使用族编辑器，整个族创建过程在预定义的样板中执行，可以根据用户的需要在族中加入各种参数，如距离、材质、可见性等。可以使用族编辑器创建现实生活中的建筑构件和图形/注释构件。

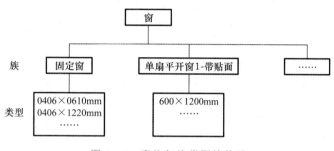

图 4 - 4　窗族与族类型的关系

Revit 有三种族。

（1）系统族

系统族包含用于创建基本建筑图元（例如建筑模型中的墙、楼板、天花板和楼梯）的族类型。系统族已在 Revit 中预定义好并且保存在样板和项目中，不需要从外部文件中载入到样板和项目中。使用者不能创建、复制、修改或删除系统族，但可以复制和修改系统族中的类型，以便创建所需要的自定义系统族类型。每个族至少需要一个类型才能创建新系统族类型，因此，系统族中需要至少保留一个系统族类型，除此以外的其他系统族类型都可以删除。

尽管不能将系统族载入到样板和项目中，但可以在项目和样板之间复制和粘贴或者传递系统族类型。可以复制和粘贴各个类型，也可以使用工具传递所指定系统族中的所有类型。

系统族还可以作为其他种类的族的主体，这些族通常是可载入的族。例如，墙系统族可以作为标准构件门/窗部件的主体。

（2）可载入族

可载入族是在外部扩展名为".rfa"的族文件中创建的，并可导入（载入）到项目中的族。可载入族是用于创建以下三种构件的族：①通常购买、提供并安装在建筑内和建筑周围的建筑构件，例如窗、门、橱柜、装置、家具和植物等；②通常购买、提供并安装在建筑内和建筑周围的系统构件，例如锅炉、热水器、空气处理设备和卫浴装置等；③常规自定义的一些注释图元，例如符号和标题栏等。

可载入族是利用族编辑器，通过族样板创建而成，通过对族文件创建的模型形体进行约束以及对所需的参数进行定义，可以创建出功能强大的参数化构件。

（3）内建族

使用内建族一般用来创建内建图元。内建图元根据需要创建在当前项目中，只能用于当前项目中，不能重复使用。创建内建图元时，Revit 将为该内建图元创建一个族，这个族就是内建族。内建族不能单独存成".rfa"文件，也不能用在别的项目文件中。

4.2.3　参数化

参数化建模是 Revit 的一个基本特征。参数化的含义包含两个层次：参数化图元和参数化修改引擎。Revit 中的图元都是以族的形式出现，这些构件都是通过一系列的参数进行定义。参数保存了图元作为数字化建筑构件的所有信息。

参数化的修改引擎则允许用户任何的修改都可以自动修改其关联部分。任何一个视图下所发生的变更都可以参数化设置和双向传播到所有视图，而不用一一修改，保证了视图的一致性，大大提高工作效率和质量。如在平面视图中修改了某个窗实例的窗底高度，Revit 则会自动修改与该窗相关联的所有剖面视图中的窗底高度，并确保生成正确的图形。

4.3　Revit 的界面及操作

4.3.1　Revit 界面

【窗口界面】

Revit 2017 采用的是 Ribbon 界面。Ribbon 即功能区，是一个收藏了命令按钮和图标的面板。功能区把命令组织成一组标签。每一组标签包含了相关的命令，不同的标签组展示了系统所提供的不同功能。其将所有功能有组织地集中存放，让用户一目了然，更容易找到重要的、常用的功能。Revit 的基本界面及各个功能区划分如图 4-5 所示。

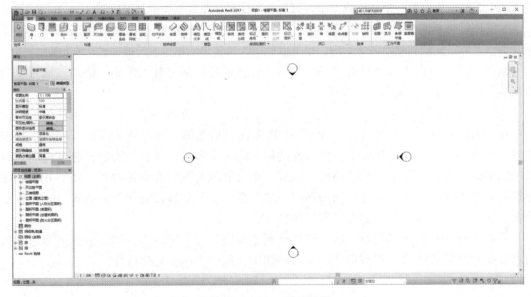

图 4-5　Revit 系统界面

1. 应用程序菜单

应用程序菜单提供对常用文件操作的访问，例如"新建""打开"和"保存"。还允许使用更高级的工具（如"导出""发布"等）来管理文件。用鼠标单击软件左上角的"R"图标按钮，就可以打开应用程序菜单。

2. 快速访问工具栏

快速访问工具栏包含一组默认工具。可以对该工具栏进行自定义，使其显示最常用的工具，提高工作效率。快速访问工具栏是可以自行定义的，单击快速访问工具栏后边的下拉按钮，在"自定义快速访问工具栏"对话框中可以调整命令按钮的顺序，或者将其从工具栏上删除。也可以通过在相应的命令按钮上使用右键命令，将其添加到快速访问工具栏。

3. 功能区

功能区集中了在 Revit 中建模时所需要的主要命令。其中，在建筑、结构、系统等标签下，分别包含了各个专业所对应的一系列建模命令按钮。单击对应按钮后就可以实现模型绘制或参数设置的相应功能。功能区一般包括主按钮、下拉按钮和分隔线。单击功能区右侧的切换按钮，可以在多种不同的功能区显示模式之间进行切换，以方便用户根据自己的需要调整绘图区的大小。

4. 上下文选项卡

当单击某些命令按钮之后，会由于该命令的特殊性而增加与之相关的"上下文选项卡"。在选项卡中包含了只与该命令工具及图元相关的命令可选项。例如，当用鼠标单击"建筑"选项卡中的"构建"面板中的"墙"命令时，则会在原来的上下文选项卡中出现与当前命令有关的操作选项，如图 4-6 所示。

图 4-6 上下文选项卡

5. 选项栏

选项栏位于功能区下方，其作用是根据当前工具或选定的图元显示条件工具。仍以前面的"墙"命令为例，当单击命令按钮后，会在功能区的下边显示对应的选项栏，如图 4-7 所示。

图 4-7 选项栏

6. "属性"选项板

"属性"选项板是用来查看和修改图元参数的主要渠道，是获取模型中建筑信息的主要来源，也是模型修改的主要工具。

如图 4-8 所示，"属性"选项板可以划分为四个部分。其中，类型选择器的作用是显示或更换图元的类型；属性过滤器用来标识由工具放置的图元类别，或者标识绘图区域中所选图元的类别和数量。如果选择了多个类别或类型，则选项板上仅显示所有类别或类型所共有的实例属性；单击"编辑类型"按钮后，将出现一个对话框，该对话框用来查看和修改选定图元或视图的类型属性；"实例属性区"显示当前图元的相关属性，并供用户根据具体情况进行相应的修改和设置。

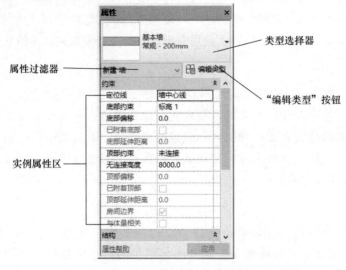

图 4-8　"属性"选项板

7.　项目浏览器

"项目浏览器"用于显示当前项目中的所有视图、明细表、图纸、族、组、连接模型以及其他部分的逻辑层次，如图 4-9 所示。单击这些层次前的"＋"可以展开分支，"－"可以折叠分支。项目浏览器是建模过程中最经常使用的工具，要提高建模的速度，必须熟悉其基本布局和使用。

图 4-9　项目浏览器

8. 状态栏

状态栏位于窗口最下方,是对用户当前使用命令操作状态的提示,也提供与当前命令相关的技巧和提示,如图4-10所示。

图4-10 状态栏

9. 视图控制栏

视图控制栏位于状态栏的上方,如图4-11所示。通过单击相应的按钮,可以快速对影响绘图区域功能的选项进行控制。一般情况下视图控制栏包括以下及各组成部分(从左向右)。

图4-11 视图控制栏

① 比例。
② 详细程度。
③ 视觉样式。
④ 打开/关闭日光路径。
⑤ 打开/关闭阴影。
⑥ 显示/隐藏渲染对话框(仅当绘图区域显示三维视图时才可用)。
⑦ 显示/隐藏裁剪区域。
⑧ 解锁/锁定的三维视图。
⑨ 临时隐藏/隔离。
⑩ 显示隐藏的图元。
⑪ 临时视图属性。
⑫ 高亮显示置换组。
⑬ 显示限制条件。

10. VIEW CUBE 和导航栏

VIEW CUBE 是 Revit 提供的 3D 导航工具,其用于指示已经打开的 3D 模型当前的视图方向。使用者可以通过在 VIEW CUBE 中单击对应方向快速在 3D 视图中定位到该方向。而"导航栏"则提供了一系列的工具用于快速导航,如图4-12所示。

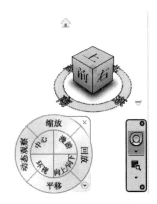

图4-12 VIEW CUBE 和导航栏

11. 绘图区域

绘图区域是窗口界面中占有面积最大的部分。该部分主要用来显示当前项目的视图(以及图纸和明细表)。每次打开项目中的某一视图时,此视图会显示在绘图区域中其他打开的视图的上面,如图4-13所示。

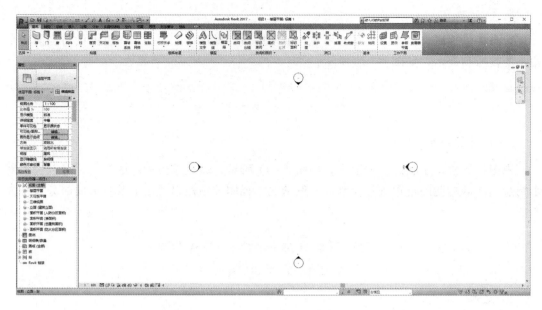

图 4 - 13　绘图区域

4.3.2　视图控制

Revit 的视图有很多类型，每种视图都有其具体的特点及用途。这里需要特别注意的是，不能把 Revit 的视图和 AutoCAD 的图纸等同，Revit 的视图是项目中 BIM 模型根据不同规则所显示的投影。

常用的视图有平面视图、立面视图、剖面视图、详图索引视图、三维视图、图例视图、明细表视图等。同一项目可以有任意多的视图，如对"标高1"，可以根据需要创建任意数量的视图满足不同要求，如"标高1"的梁布置图、柱布置图、房间功能图、建筑平面图等。所有的视图均是根据模型的剖切结果投影产生。

Revit 在"视图"选项卡的"创建"面板中提供了多种创建不同视图的工具，如图 4 - 14 所示。也可以在项目浏览器中创建不同类型的视图。

图 4 - 14　"视图"选项卡下的"创建"面板

1. 楼层平面视图及天花板视图

楼层/结构平面视图及天花板视图是沿着项目的水平方向，按照指定的标高偏移位置剖切项目所生成的视图。一般的项目至少包括一个楼层/结构平面。楼层/结构平面是在创建项目标高时默认可以自动创建对应楼层的平面视图（建筑样板创建的是楼层平面，结构样板创建的是结构平面）。在立面图中，已经创建楼层平面的标高的标头显示为蓝色，没有创建关联楼层平面的标高标头显示为黑色。

在楼层平面视图中，不选择任何图元，可以单击"属性"选项板中的"视图范围"项后的"编辑"按钮，打开"视图范围"对话框，可以定义视图剖切的位置，如图4-15所示。

图4-15 "视图范围"对话框

在"视图范围"对话框中，主要范围也称为可见范围，是用于控制视图中模型对象的可见性和外观的一组水平平面。这组水平平面包括了顶部平面、剖切面和底部平面。顶部平面和底部平面用于确定视图范围的最顶部和最底部位置，剖切面则确定了剖切的位置。视图深度是视图范围外的附加平面，通过标高和偏移量的结合，可以确定位于底部平面之下的哪些图元可以显示。其基本的关系如图4-16所示。

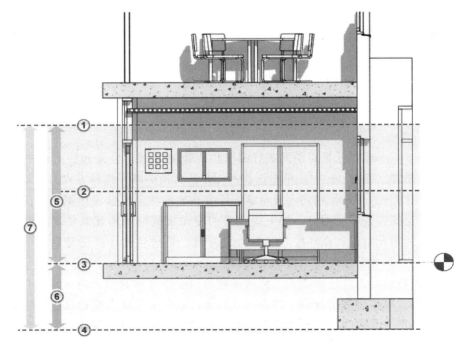

①—顶部；②—剖切面；③—底部；④—偏移（从底部）；⑤—主要范围；⑥—视图深度；⑦—视图范围

图4-16 "视图范围"组成及相互关系示意图

天花板视图与楼层平面视图相似，也是沿着水平方向指定标高位置对模型进行剖切所生成的投影，差别在于其是从剖切位置开始向上进行投影的，而楼层平面是从剖切位置开始向下进行投影的。

2. 立面视图

立面视图是项目模型在立面方向上的投影视图。Revit 中默认每个项目包含东、南、西、北四个立面视图，并在楼层平面上显示立面视图符号 ◐。在平面视图中双击里面的立面视图符号，可以快速进入对应的立面视图中。

3. 剖面视图

剖面视图允许在平面视图、立面视图或详图视图中在指定位置绘制剖面符号线，按照剖面线在该位置对模型进行剖切，并根据指定的投影方向生成模型的投影。剖面视图具有明确的剖切范围，双击剖面标头显示剖切深度范围，可以通过鼠标自由拖曳进行调整。

4. 详图索引视图

当需要对局部细节进行放大显示时，可以使用详图索引视图。可以向平面视图、剖面视图、详图视图、立面视图中添加详图索引，在详图索引范围内的视图，将以详图索引视图中设置的比例显示在独立视图中。

5. 三维视图

三维视图是用来以三维方式显示模型状态的一种视图。Revit 的三维视图有两种：透视图和正交三维视图。两者的差别是透视图按照透视的方式显示模型信息，越远的构件显示得越小，越近的构件显示得越大；而正交三维视图中，则不论远近，均按照同样大小显示。

4.3.3　Revit 的基本操作

在 Revit 中有一些常用的命令和功能，熟练使用这些命令和功能可以大大提高建模工作的效率。

1. 选择图元

【图元选择】

选择图元是对图元进行编辑和修改的基础，也是建模工作中最常用的操作。在 Revit 中，单击选择图元是最常用的图元选择方式。移动鼠标到任意图元，Revit 将高亮显示该图元并在底部状态栏显示该图元的信息，再单击高亮显示的图元。如果要选择的图元被其他的图元遮住，可以移动鼠标到图元附近，循环按下键盘的 Tab 键，系统将循环高亮显示各个图元，当要被选择的图元被高亮显示时，单击该图元即可。

也可以采取框选的方式选择图元，将鼠标移动到需要选择的图元的一侧，对角拖动光标形成矩形边界，可以绘制选择框。需要注意的是，如果从左向右拖动鼠标，将形成实线选择框，被选择框全部包围的图元才能被选择。如果从右往左拖动鼠标，则会形成虚线选择框，所有被选择框完全包围或者与选择框边界产生交叉的图元都将被选中。在使用框选方式时，会在底部状态栏过滤器中显示所选择的图元的类型。

除了以上方式，还可以使用特性选择方式选择图元。右击对象图元，在菜单中选择"选择全部实例"命令，可以选择项目或当前视图中与对象图元同类型的所有图元。对于有公共端点的图元，使用连接构件右键菜单的"选择连接图元"命令，可以选择同端点连接在一起的所有图元。

2. 修改编辑工具

选择图元之后，可以对图元进行修改和编辑。对选择好的图元可以进行修改、移动、复制、镜像、旋转等编辑操作。如图 4 – 17 所示，通过"修改"选项卡或相对应的上下文选项卡，可以方便地使用这些命令。相关命令的具体解释见表 4 – 1。

【图元编辑】

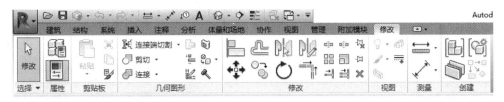

图 4 – 17　修改编辑工具

表 4 – 1　修改编辑工具图标及其操作要点

命　令	对应图标	操 作 要 点
对齐		单击"对齐"命令前，先选择需要被对齐的线，再选择要对齐的实体，后选的实体就会移动到先选的对齐的线上，完成对齐操作
移动		在单击"移动"命令之前，先选中所要移动的对象，然后单击"移动"命令，选择移动的起点，再选择移动的终点或者直接输入移动距离的数值，完成移动操作
偏移		单击"偏移"命令，会出现与该命令对应的选项栏。在偏移值框内填写需要偏移的距离值，选中选项栏的"复制"复选框可以保留原来的构件。在原构件附近移动鼠标，确认偏移的方向。再次单击鼠标即可以完成偏移操作
复制		单击需要复制的对象，再单击"复制"命令，先选择复制的移动起点，再选择移动的终点，也可以直接输入复制移动的距离。选中"多个"复选框，可以完成多个复制
镜像		该命令有两个对应的图标，其中，适用于镜像轴的情况，而需要绘制镜像轴。先选择需要镜像的图元，再单击"镜像"命令，选择镜像轴就可以复制出对称镜像。也可以在操作时取消选中选项栏中的"复制"选项，则原来的图元就不会再保留了
旋转		选择需要旋转的图元，单击"旋转"命令，选择旋转的起始线，输入角度或者再选择旋转的结束线，完成旋转操作
修剪/延伸		第一个图标功能为修剪/延伸到角部。第二个图标功能为沿着一个图元的边界修剪/延伸另一个图元。第三个图标功能为沿着一个图元的边界修剪/延伸多个图元。操作时先选择边界参照，再选择需要修剪/延伸的图元

命 令	对应图标	操作要点
拆分	▭ ▭	选择要拆分的图元，单击"拆分"命令将其分为两段
阵列	▦	选择图元，在选项栏中项目数文本框中输入需要阵列的个数值，如果"移动到"后边的"第二个"单选按钮被选中，则将鼠标移动到第二个图元的位置单击鼠标，即可以完成阵列。如果选中的是"最后一个"单选按钮，则移动到最后一个图元位置单击鼠标完成阵列
缩放	◰	选择图元，单击"缩放"命令，如果使用数值方式，则直接输入确定缩放的比例。如果使用"图形方式"，则拖动选择到适当的比例完成缩放

4.4 Revit 建模过程

使用 Revit 创建 3D 模型的过程，本质上是一个虚拟建造的过程。在整个过程中，需要建模者从比较宏观的角度来考虑问题，既要使当前阶段的建模工作方便、快捷，又要满足后续信息整合的要求，才能真正发挥 BIM 模型在整个项目生命周期的作用。

在 Revit 中建模，要了解并遵循其建模的基本流程。一般而言，Revit 建模需要按照以下的流程进行。

4.4.1 项目创建及设置

建模需要完成的第一个步骤是根据所选定的样板来创建项目文件。关于项目文件（.rvt）和样板文件（.rte）的有关概念在前面已经介绍，此处不再赘述。需要注意的是，在工程实践中，各个企业往往会根据自身需要定制项目样板文件，以便于后期的操作。

另一个需要注意的问题是，对项目文件的命名要遵循相应的规定，各个不同的企业及项目可能对于文件的命名规则存在较大的差异，需要事先了解清楚，以免造成不必要的麻烦，影响后续工作的开展。

创建了空白的项目文件后，需要根据项目的实际情况，进行项目参数的设置，如输入客户、项目名称、编号和地址、项目单位等。

4.4.2 创建标高、轴网

不同于传统的 2D CAD 软件，Revit 在创建模型时需要首先确定建筑物高度方向的信息——标高。创建模型过程中的很多操作，都是和标高密切关联的。创建标高可以使用"建筑"或"结构"选项卡中"基准"面板的"标高"按钮进行绘制，也可以通过复制或阵列已经创建好的标高方式进行。在默认情况下，用绘制方式创建标高时，系统会自动创建与之对应的楼层平面。而通过复制与阵列方式创建的标高，则不会自动生成与之对应的楼层平面，如果需要生成与之对应的楼层平面，需要后期进行处理。

轴网是模型图元水平定位的依据，也是施工现场最基本的定位数据。Revit 中的轴网可以通过绘制方式在楼层平面创建，基本绘制方法与普通的 2D CAD 基本一致。也可以通过将 CAD 图纸导入 Revit 中，然后通过"拾取线"工具拾取 CAD 文件中的轴线，来自动创建轴网。需要注意的是，Revit 中的轴网是具有 3D 属性的，其与标高共同构成了 BIM 模型的空间定位体系。

4.4.3　创建模型

运用 Revit 可以创建建筑、结构、设备等多专业的模型。不同专业模型的建模内容及流程存在着较大的差异。即使创建同一专业的模型，也可能由于不同建模者的操作习惯不同而存在着一定的差异。在此以建筑建模为例，介绍建模的一般过程。

1. 创建墙体及幕墙

Revit 中提供了"墙"工具，用于绘制及生成墙对象。在 Revit 中创建墙体时，需要事先定义好墙体类型——在墙族的类属性中，定义包括墙体厚度、做法、材质、功能等，再确定墙体的标高、高度等参数，在平面图的指定位置生成对应的墙体。

幕墙属于 Revit 所提供的三种墙体类型之一，其绘制的方法、流程与基本墙类似，但相关参数的设置与基本墙存在较大差异，相关问题在后续章节将详细介绍。

2. 绘制柱子

Revit 功能区的"建筑"选项卡中，提供了两种不同柱构件——建筑柱和结构柱。两种柱构件的使用方法基本一致，但其功能存在较大差异。大多数结构体系一般采用结构柱构件。

绘制柱子和绘制墙的先后顺序并没有严格的限制，可以先绘制墙体，再绘制柱子，也可以先根据标高和轴网的位置，绘制好柱子后再添加墙体。

3. 创建门、窗

Revit 提供了门、窗等工具，用于在模型中添加门、窗等构件。需要特别注意的是，由于 Revit 中的构件是"智能构件"，因此，门、窗构件必须要依附于墙、屋顶等主体图元才能被建立。因此，要创建门、窗，必须要在绘制好对应的墙体后再进行（如果依附于屋顶，则要在绘制好屋顶后才能进行）。同时，门、窗可以通过创建自定义门、窗族的方式来进行自定义，自定义的族，可以直接载入到当前的项目中使用。

4. 创建楼板、屋顶

楼板和屋顶在 Revit 中的使用方法有很多相似之处。其中，Revit 提供了三种创建楼板的方式：楼板、结构楼板和面楼板。楼板是其中最常用的创建方式，其基本的使用方法和墙体相似。

创建屋顶可以使用迹线屋顶、拉伸屋顶和面屋顶三种方式，其中最常用的是迹线屋顶，可用于创建平屋顶、坡屋顶等常见的屋顶类型。

5. 创建楼梯

使用楼梯工具，可以向模型中添加各种样式的楼梯。Revit 中的楼梯由扶手和楼梯两个部分构成，创建楼梯前，需要事先定义好楼梯类型中的各种参数。由于楼梯穿过楼板时系统不会自动开洞，因此，需要另外使用"洞口"命令在指定位置按照要求开洞。

6. 创建其他构件

除了前述的构件外，在建模的过程中可能还会遇到很多其他类型的构件，如栏杆、坡道、散水、台阶等。其中，有些构件，如栏杆、坡道，在 Revit 中有对应的创建命令。而散水、台阶则没有对应的工具，需要单独建立对应的族，或者通过运用其他工具以变通的办法得到。

7. 复制楼层

很多建筑物中不同层之间存在大量的共享信息，如存在标准层等。为了加快建模速度，可以采用复制楼层的方式来加快建模速度，提高效率。有时，建筑物的标准层可能不止一个，比如高层住宅中，此时，可以将标准层的全部或部分图元设置为组，来进行处理。这里组的概念与 AutoCAD 中块的概念相类似。

4.4.4 模型的运用

Revit 除了建模之外，还可以以模型为基础，运用模型以适当的方式获取项目建设过程所需要的相应成果。

1. 生成立面、剖面和详图

Revit 的模型可以实时生成立面图和剖面图，并且伴随着模型的修改及完善进行及时的更新。对于详图，系统可以自动生成楼梯详图、卫生间详图，而部分大样节点往往由于模型中的信息不充分，需要利用二维详图功能进行深化和完善。

2. 标注及统计

为了更好地体现设计的意图，模型中往往需要添加相应的标注图元。Revit 中的标注图元主要有尺寸标注、标高标注、文字、其他符号标注等。Revit 的注释图元信息可以直接提取模型中的信息，无须手工注写，可以大大提高效率，减少出错的可能。

Revit 还提供了强大的报表统计功能，利用明细表功能可以方便地对相关项目进行精确的统计。

3. 渲染及动画制作

利用创建好的模型中的材质信息，可以方便地对模型进行渲染，生成相应的效果图及动画。虽然相较于某些专业的效果图及动画软件，Revit 在这方面的功能还存在一定差距，但是从方案推敲及项目基本展示的角度出发，也能够完全胜任。

4. 生成图纸

Revit 可以进行布图，生成相应的图纸。所谓的布图，指的是在 Revit 的标题栏图框中布置视图，在一个图框中可以布置多个视图，并且视图与模型之间保持着双向的关联关系。Revit 的图纸和视图都可以导出为 DWG 文件类型的 AutoCAD 图纸，供项目的各个专业使用。

5. 模拟分析

Revit 内置了一些模拟分析工具，可以进行面积分析、能量分析、日光研究、冷热负荷分析等基础分析工作，同时，近年来有很多机构利用 Revit 应用程序接口（Application Programming Interface，API），开发了多种不同专业的分析插件，以提升 Revit 系统的模拟分析能力。使用分析工具可以在设计过程中获得更多决策信息。

6. 信息交互

利用各种转换程序，可以将 Revit 的模型和数据导入多种类型的专业程序，实现不同的专业系统软件的数据交互，更好地实现 BIM 的价值。如将模型导入 3ds MAX，进行更专业的渲染；导入广联达、鲁班等算量软件，进行工程量的计算等。

本 章 小 结

本章介绍了 Revit 的发展演变过程、应用范围及特点。重点讲解了 Revit 中的基本概念，包括项目及项目样板、族概念及类型，图元的概念及类型、参数化建模的概念及特点，熟悉和掌握这些概念是能够顺利运用软件的前提和基础。接着介绍了 Revit 的界面组成、基本操作方法。最后叙述了 Revit 的建模过程及模型应用的情况。

思 考 题

1. Revit 的特点是什么？
2. 项目和项目样板的关系是什么？
3. 简述图元和族的概念。如何看待图元和组的关系？
4. Revit 中的族的类型有几种？如何区分族和族类型？
5. 如何理解参数化建模的概念？
6. 如何理解 Revit 中视图范围各个部分的组成及相互关系？
7. 简述 Revit 的建模流程。
8. Revit 模型的应用范围有哪些？

第5章
Revit建筑模型的创建

📚 本章要点

(1) 创建项目，创建标高和轴网。
(2) 创建墙体。
(3) 创建门、窗和幕墙。
(4) 创建楼板和屋顶，创建楼梯、扶手和洞口。
(5) 创建构件、场地和场地构件。

📚 学习目标

(1) 掌握标高和轴网的创建，墙构造的设置及创建，楼板、屋顶的构造设置及创建，扶手、楼梯的设置及创建。
(2) 熟悉门、窗的添加，幕墙、洞口、构件的创建，场地及场地构件的添加方法。
(3) 了解 Revit 项目创建的方法，可载入族的添加方法，基本轮廓族的创建方法。

5.1 标高和轴网

学习完第 4 章的内容之后，读者已经初步掌握了建模的基本流程。从本节开始，将结合一个项目案例，介绍如何在 Revit 中创建建筑模型。建模的第一个步骤是创建项目后，建立项目的标高和轴网。

【案例图纸下载】

标高和轴网提供了 Revit 中构件位置确定的空间定位体系，是建筑、结构、机电等多专业进行协同的基础和前提条件。

5.1.1 创建项目

进行建模工作的第一步是选择适当的项目样板，创建项目并进行项目基本信息的设置。在这里我们以一个宿舍楼项目为对象，介绍整个的操作过程。该项目为某单位员工宿舍楼，层数为六层，总建筑高度为 19.5m，占地面积为 913.5m²，总建筑面积为 5342.8m²。项目一层平面图（简化）如图 5-1 所示，①—⑧轴及⑧—①轴立面（简化）如图 5-2、图 5-3 所示，楼梯间剖面图（简化）如图 5-4 所示。

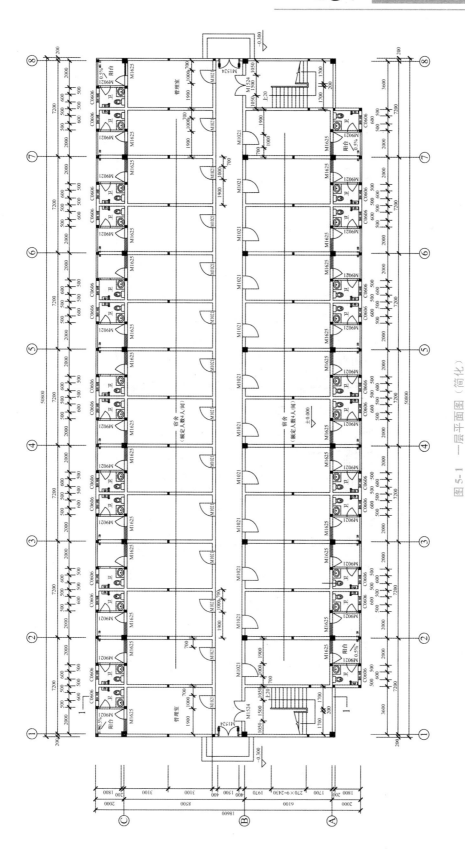

图 5-1 一层平面图（简化）

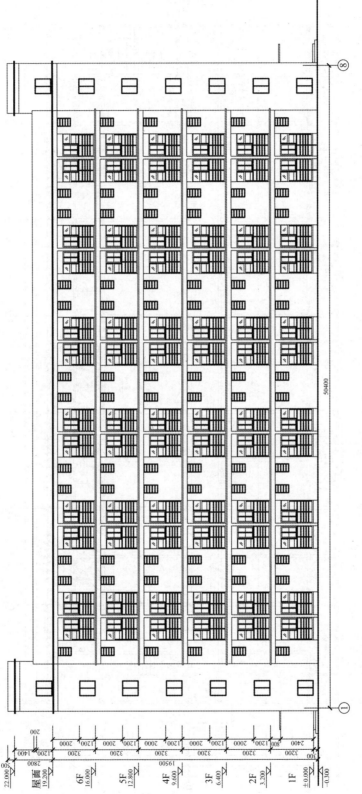

图 5-2 ①~⑧轴立面图（简化）

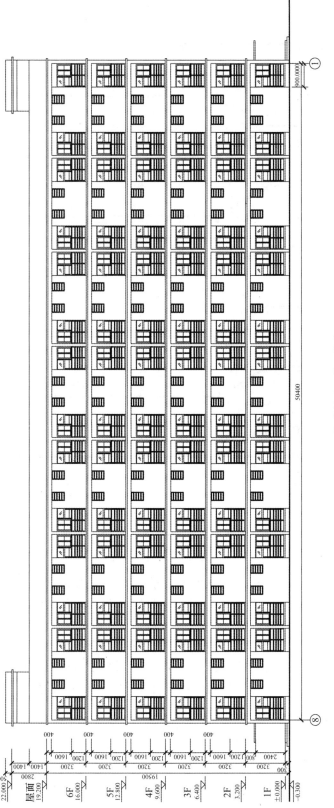

图 5-3 ⑧-①轴立面图（简化）

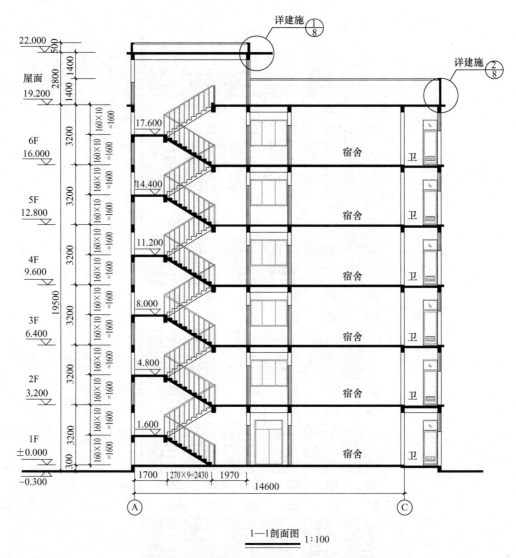

图5-4 楼梯间剖面图（简化）

【创建项目】

① 启动 Revit，默认情况下系统将显示"最近使用文件"① 页面。在页面上单击"项目"下的"建筑样板"命令，将以默认的建筑样板为基础创建一个空白的项目。

② 单击"管理"选项卡，在"设置"面板单击"项目信息"按钮，将出现如图5-5所示的"项目信息"对话框。在该对话框中可以对项目的一些基本信息进行设定。进一步单击"项目单位"按钮，将显示如图5-6所示的"项目单位"对话框，注意检查当前项目中的长度单位为 mm，面积单位为 m²。单击"确定"按钮，关闭对话框。

---

① 特别提示，本书 Revit 版本选取 2017 版，如果学习者使用其他版本软件，可能在某些方面存在差异。同时，为了能更好地说明操作步骤，从本章开始，相关软件操作涉及的命令、按钮等将以""特别标出。

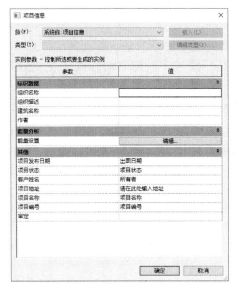

图 5-5 "项目信息"对话框   图 5-6 "项目单位"对话框

5.1.2 创建标高

由于标高反映了建筑构件在高度方向上的定位情况，同时，添加标高时系统会自动创建与标高相对应的平面视图，因此，在创建标高之前先要对项目的标高及标高信息做出总体的规划。下面使用前面所创建的项目文件创建宿舍楼的标高。

【创建标高】

① 在"项目管理器"中展开"立面"视图类别，双击"南立面"视图名称，切换至南立面。如图 5-7 所示，系统默认的项目样板中已经创建了两个标高，即"标高 1"和"标高 2"。其中，"标高 1"的标高为±0.000，"标高 2"的标高为 4.000。此处注意，标高的单位为 m。

② 在视图中，通过鼠标滚轮的适当缩放，将标高右侧标头调整到适当的位置，单击"标高 1"文字部分，进入编辑状态。如图 5-8 所示，在编辑框中将"标高 1"修改为"1F"，单击弹出的对话框中的"是"按钮。依照同样的方法，将"标高 2"修改为"2F"。此时，在"项目浏览器"中单击"楼层平面"视图名称，会发现楼层的平面名称也被对应修改为了 1F 和 2F。

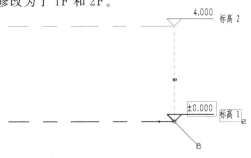

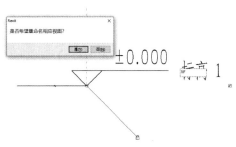

图 5-7 系统默认标高   图 5-8 修改标高名称

③ 在本项目中，2F 对应的标高为 3.200m，因此，需要修改模型中的 2F 所对应的标高值。回到"南立面"视图中，单击标高"2F"标头上方的 4.000 标高值，在文本编辑框中输入新的标高值 3.200 即可，如图 5-9 所示。此处需要注意的是，标高的单位是 m。

④ 单击"建筑"选项卡"基准"面板的"标高"按钮，创建新的标高。在"2F"标高上方某一位置开始向上移动鼠标，系统将在光标与"2F"标高之间显示临时尺寸，用以指示新建标高与"2F"之间的距离。移动鼠标，当光标位置与标高"2F"左端点对齐时，Revit 将捕捉已有的标高端点并显示端点对齐的蓝色虚线。拖动鼠标直到临时尺寸显示为新建标高与标高"2F"之间的标高差值 3200，或者直接用键盘输入 3200，如图 5-10 所示。单击鼠标，确定该标高的起点。

图 5-9 修改标高值   图 5-10 输入标高差值

⑤ 向右沿水平方向移动鼠标，当鼠标与标高"2F"右端对齐时，将显示蓝色端点对齐线，单击鼠标，完成新标高的绘制。按照前面的方法，将新建的标高线命名为"3F"。此时，观察"项目浏览器"中"楼层平面"视图，会发现系统已经自动创建了新的楼层平面。

⑥ 当标高线数量比较多的时候，可以采用复制的方法创建新的标高。单击刚刚创建的标高"3F"，在"修改｜标高"上下文选项卡中单击"复制"按钮，勾选选项栏中的"多个"选项。单击标高"3F"上的任意一点作为起点，向上移动鼠标，输入标高差值3200 并按回车键，创建新的标高，将标高的名字改为"4F"。按照上述的方法，依次创建新的标高 5F、6F 和屋面。以标高"屋面"为基准，向上按照标高差值 2800，创建一个新的标高屋顶。最终形成的结果如图 5-11 所示。

图 5-11 项目标高创建结果

⑦ 单击标高"1F"，在"修改 | 标高"上下文选项卡中单击"复制"按钮，在标高"1F"上任意位置单击鼠标作为起点，向下移动鼠标，输入标高差值300并按回车键，创建一个新的标高，将标高的名称改为"室外地坪"。单击标高"室外地坪"，在"属性"选项板的类型选择器中，将标高的类型修改为"下标头"，如图5-12所示。

⑧ 观察"项目浏览器"中的楼层平面视图，会发现刚才用复制方式创建的标高并没有在楼层平面视图中生成对应的楼层平面视图，需要用手工方式为其创建对应的楼层平面视图。

在"视图"选项卡的"创建"面板中，单击"平面视图"下边的"楼层平面"按钮，出现如图5-13所示的"新建楼层平面"对话框。按下"Ctrl"键的同时，用鼠标单击对话框中的所有项目，创建对应的楼层平面视图。此时，可以通过"项目浏览器"观察发现所有的楼层平面视图已经创建完毕。

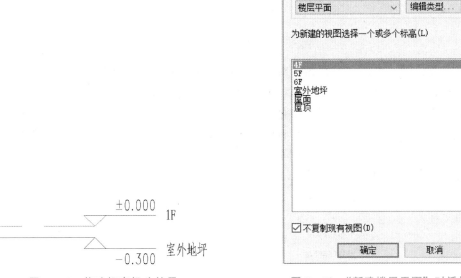

图5-12　修改标高标头结果　　　　图5-13　"新建楼层平面"对话框

⑨ 依次切换到东、北、西立面视图，会发现各个视图中的标高都已经清晰地显示出来，只是由于样板设置的问题，标头只能有一边显示出来。单击选择某条标高，在标头未显示一侧勾选"显示 | 隐藏编号"选项按钮，就可以使其显示出来，如图5-14所示。

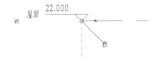

图5-14　"显示 | 隐藏编号"选项按钮

⑩ 单击快速访问工具栏的"保存"命令，将显示如图5-15所示的"另存为"对话框，以"5-1-2.rvt"为文件名保存项目文件。

图 5-15 "另存为"对话框

在保存文件时，单击"另存为"对话框中的"选项"按钮，将显示如图 5-16 所示的"文件保存选项"对话框，在其中可以设置文件的最大备份数。在保存项目时，Revit 会为该项目的以前版本（即在进行当前保存之前的项目文件）创建备份副本。此备份副本的名称为"<project_name>.<nnnn>.rvt"，其中"<nnnn>"是表示该文件的保存次数的4 位数字。备份文件与项目文件位于同一文件夹中，例如在"5-1-2.rvt"所保存的文件夹中，可能会发现以"5-1-2.0001.rvt"所命名的备份文件。通过"最大备份数"可以设置 Revit 能够保存的最多备份文件数量，当备份文件数超出最大值的时候，Revit 将清除最早的文件。

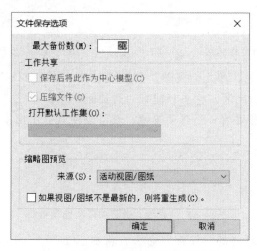

图 5-16 "文件保存选项"对话框

5.1.3　创建轴网

标高创建完毕，可以切换至任意平面视图来创建和编辑轴网。轴网用于在平面视图中定位图元。使用 Revit 的"轴网"命令可以很方便地创建轴网，其基本操作与创建标高很类似。

【创建轴网】

① 打开前面所建立的"5-1-2.rvt"项目文件。切换到"1F"楼层平面视图。楼层平面视图中的◁ 图标表示的是本项目东、南、西、北四个立面视图的位置。

② 单击"建筑"选项卡中"基准"面板的"轴网"按钮，自动切换至"修改｜放置轴网"上下文选项卡，进入轴网放置状态。

③ 单击"属性"选项板中的"编辑类型"按钮，在"类型属性"对话框中修改相关属性值，如图5-17所示。

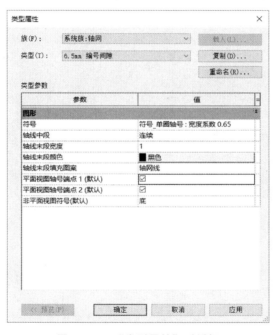

图5-17　"类型属性"对话框

④ 在楼层平面视图左下角的适当位置空白处单击鼠标，作为起始位置，向上移动鼠标开始绘制轴线，此时在鼠标位置和起始点之间会显示轴线的预览状态，并沿绘制的轴线的方向和水平方向之间显示临时的尺寸角度标注。鼠标移动到适当位置后，单击鼠标，完成轴线绘制，系统会自动给轴线添加编号1。

⑤ 用鼠标指向轴线1的起点右侧任意位置，系统会自动捕捉轴线1的起点位置，显示端点对齐捕捉参考线，并显示当前位置与轴线1端点之间的临时尺寸标注，如图5-18所示。移动鼠标使临时尺寸标注显示为7200或者直接输入7200的轴线距离值，将在轴线1的右侧7200mm处确定轴线2的地点。向上拖动鼠标完成轴线绘制，系统自动为该轴线编号为2。

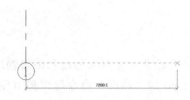

图 5 - 18　显示临时尺寸标注

⑥ 可以依次按照上述的方法完成后续各条轴线的绘制，也可以采用复制或阵列的方式快速绘制轴线，各条轴线间距均为7200。

⑦ 在轴线1左侧的适当位置单击鼠标，绘制第一根水平轴线，基本方法和前述步骤相似。特别注意的是，此时系统会自动为新建的轴线编号为10。用鼠标单击轴线的名称，在文本编辑框中输入新的轴线编号A。

⑧ 使用直接绘制或者复制的方式完成另外两条水平轴线。轴线的编号分别为 B 和 C。和前一条轴线的距离值分别为 6100 和 8500。至此，完成了轴网的绘制工作，其结果如图 5 - 19 所示。以 "5 - 1 - 3.rvt" 保存项目文件。

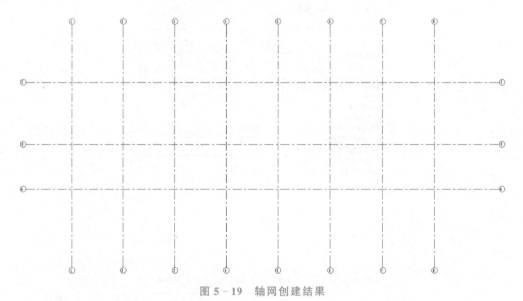

图 5 - 19　轴网创建结果

Revit 中的标高和轴网不仅是视图中显示的绘图符号，而且具备多种智能化的特征。

（1）2D/3D 属性

标高和轴线在默认情况下都是具备 3D 属性的，即如果在一个视图中修改标高或轴线，其在各个视图中都做同步修改。可以通过单击如图 5 - 20 所示的 "2D/3D 切换" 开关，将其转换为 2D 状态。转换为 2D 状态后，所有的修改仅对当前视图有效。

（2）标头对齐锁

如图 5 - 21 所示，使用标头对齐锁，可以使标高（或轴线）实现与其他标高（或轴线）的自动对齐。如果处于锁定状态时拖动标头，所有的标高（或轴线）将一起移动。如果解除锁定，将只有当前被选定的标高（或轴线）被移动。

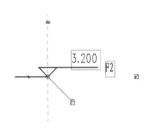

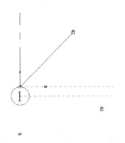

图 5-20 "2D/3D" 切换开关   图 5-21 标头对齐锁

（3）影响范围

标高和轴线都可以设置其进行修改时的影响范围，在此以一般情况下使用较多轴线为例进行介绍。如果在一个视图中，对某条轴线进行调整以后（如标头位置、轴线编号、轴线偏移等），可以选定该轴线，在"修改｜轴网"上下文选项卡中单击"影响范围"命令，在"影响范围视图"对话框中选定相应的视图，此时，所选定的视图中的轴线会受到影响。

这里需要特别强调，在创建标高和轴网的时候应尽量按照"先标高后轴网"的顺序操作。如果按照先轴网后标高的顺序，或者是建立好轴网后又添加了标高的话，有可能会出现轴网在标高的平面视图中不可见的情况。产生这个问题的原因是在立面上，轴网在 3D 模式下需要与标高视图相交才可见，由于标高后建立，而轴网可能没有在立面上与标高相交所引起。解决这个问题的办法是在立面视图中拖动对应轴线的端点，使之与相关标高相交即可。

5.2　创建墙体

利用 Revit 提供的墙工具，可以非常方便地绘制和生成墙对象。需要注意的是，在创建墙体时，需要先定义好墙体的类型，包括厚度、做法、材质、功能等，再确定墙体的平面位置、高度等参数。

5.2.1　墙体概述

在 Revit 中，墙属于系统族。在"建筑"选项卡的"墙"工具中，提供了三种类型的墙族：建筑墙、结构墙和面墙。其中，建筑墙主要用于绘制建筑中的隔墙。结构墙绘制方法基本和建筑墙相同，但是使用结构墙创建的墙体，可以在结构专业中为图元指定结构受力计算模型，并为墙配筋，因此，其主要用于创建剪力墙等图元。面墙一般根据体量或常规模型表面来生成墙体图元。

【墙体概述】

通过如图 5-22 所示"编辑部件"对话框可以定义墙的各个结构层来反映墙体的构造做法。在其"功能"列表中一共提供了六种墙体功能：结构 [1]、衬底 [2]、保温层/空气层 [3]、面层 1 [4]、面层 2 [5] 和涂膜层（通常用于防水涂层，厚度为 0），如图 5-23 所示。通过以上的选项，可以定义墙结构中每一层在墙体中所起的作用。功能名称后边方括号中的数字，代表墙体与墙体连接时，墙各层之间连接的优先级。数字越小，连接的优先级越高。当墙相连接时，Revit 会试图连接功能相同的墙功能层，但优先级为 1 的将最先连接，优先级为 5 的最后连接。

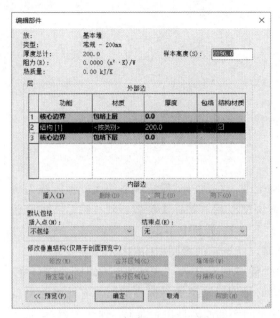

图5-22 "编辑部件"对话框

图5-23 墙体"功能"列表

在墙体结构中，墙体部件包括了两个特殊的功能层——核心结构和核心边界。核心结构指的是墙存在的必要条件，例如砖砌体、混凝土墙体等。在核心结构的两侧是核心边界，核心边界是界定墙的核心结构与非核心结构的边界，一般核心边界有两层，核心结构位于两个核心边界之间。在核心边界之外的是非核心结构，包括保温层、面层等辅助结构。以砖墙为例，砖墙的核心结构是砖砌体，砖砌体之外的抹灰、防水、保温等功能层依附于砖砌体而存在，属于非核心结构，而两者之间以核心边界隔开。功能为"结构"的功能层必须位于核心边界之间，核心结构可以包括一个或几个结构层或其他功能层，用于创建复杂墙体。

墙体核心边界之外的功能层，可以设置是否包络，所谓包络指的是墙体非核心结构层在断开处的处理方法。例如要创建如图5-24所示的墙体，在"编辑部件"对话框中，可以分别设置墙体的"插入点"和"结束点"的包络情况。其中，在"插入点"包络指的是在墙体中插入其他族（如门、窗等）时，在插入点的边缘如何进行包络，有外部、内部、两者和无四种设置，以刚才所创建的墙体为对象，向其中添加一个门图元后，四种设置情况下的对比如图5-25所示。

"结束点"是指在墙体的端点如何进行包络，包括内部、外部和无三种设置，其对比情况如图5-26所示。

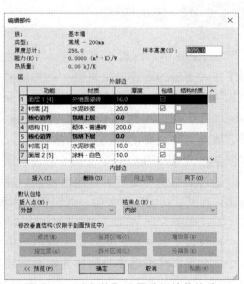

图5-24 "包络"设置验证墙体构造

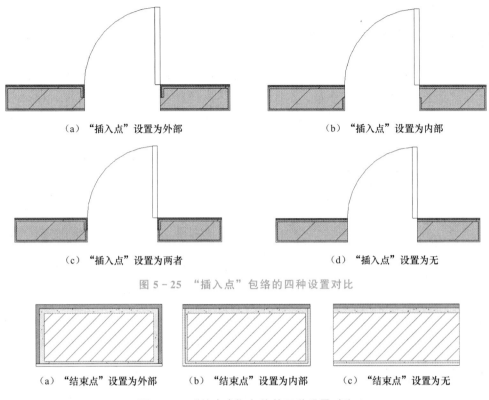

（a）"插入点"设置为外部 　　　　　　（b）"插入点"设置为内部

（c）"插入点"设置为两者 　　　　　　（d）"插入点"设置为无

图 5-25 "插入点"包络的四种设置对比

（a）"结束点"设置为外部　　（b）"结束点"设置为内部　　（c）"结束点"设置为无

图 5-26 "结束点"包络的三种设置对比

　　需要注意的是，除了在"编辑部件"对话框中进行包络设置外，也可以在墙的"类型属性"对话框中设置包络情况，如图 5-27 所示，此时所对应的属性分别为"在插入点包络"和"在端点包络"。

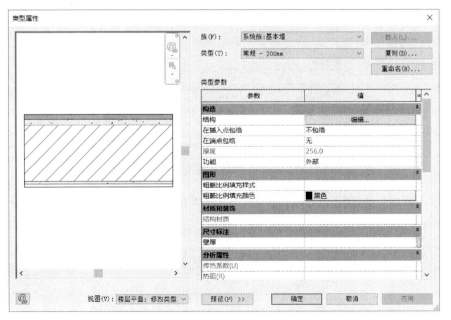

图 5-27 "类型属性"对话框中的包络设置属性

5.2.2 **创建宿舍楼一层外墙**

【创建外墙族类型】

在工程实践中，正式工作开始前需要仔细地阅读图纸、设计说明及相关的标准图集，掌握各类墙体的构造、颜色等具体情况，以便后续工作顺利开展。本书教学案例中的墙体类别及构造如表5-1所示。

表5-1　墙体类别及构造

名　称	结构层厚度及材质	外面层构造及颜色	内面层构造及颜色
外墙	190mm 砖砌块	8mm 瓷砖，橘色 20mm 水泥砂浆衬底	5mm 水泥砂浆白色面层 15mm 水泥砂浆衬底
分户墙	190mm 砖砌块	5mm 水泥砂浆白色面层 15mm 水泥砂浆衬底	5mm 水泥砂浆白色面层 15mm 水泥砂浆衬底
内墙	120mm 砖砌块	5mm 水泥砂浆白色面层 15mm 水泥砂浆衬底	5mm 水泥砂浆白色面层 15mm 水泥砂浆衬底
卫生间墙	120mm 砖砌块	5mm 水泥砂浆白色面层 15mm 水泥砂浆衬底	5mm 水泥砂浆白色面层 15mm 水泥砂浆衬底

① 打开前面所使用的项目文件"5-1-3. rvt"。

② 单击"建筑"选项卡的"构建"面板的"墙"按钮，在下拉项中选择"墙｜建筑墙"命令。由于系统所带的墙中没有本项目所需要的类型，需要新建对应的墙体类型。单击"属性"选项板"编辑类型"按钮，打开"类型属性"对话框，通过复制方式建立一个新的类型"宿舍楼外墙190mm"，如图5-28所示。

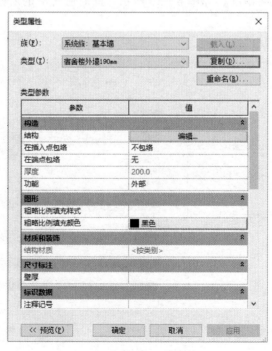

图5-28　"类型属性"对话框

③ 单击"类型属性"对话框中"结构"后边的"编辑"按钮,进入"编辑部件"对话框,按照如图5-29所示的构造建立外墙墙体的各层。

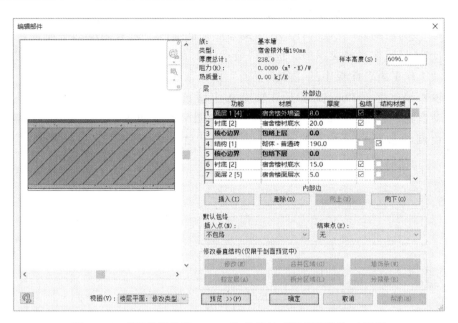

图5-29 "宿舍楼外墙190mm"类型的"编辑部件"对话框

④ 选择1F平面视图,以轴线为基准开始绘制墙体。在开始绘制墙体之前,首先要在如图5-30所示的"修改 | 放置墙"选项栏上对要绘制的墙体的一些参数进行设定。这里可以设置的参数包括墙体高度(或深度)、定位线、链、偏移量及半径等。在此设置高度为2F。

图5-30 "修改 | 放置墙"选项栏

这里需要特别注意的是,在绘制墙体时,由于墙体本身是带构造的,如核心层、面层等,所以墙体可以有多条定位线作为参考基准(图5-31)。在绘制墙体时,需要根据图纸分析、判断对应的各个部分墙体分别是以哪条定位线作为定位基准的。

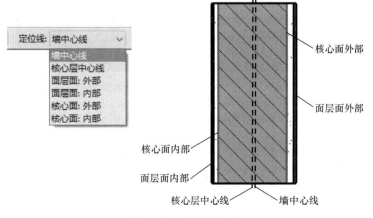

图5-31 墙体定位线

【创建外墙
参照平面】

⑤ 沿轴线绘制所需要的全部外墙。在绘制墙体时，由于轴线的定位信息可能无法满足要求，可以通过添加参照平面的方式来增加墙体的定位参照线。参照平面是 Revit 中重要的辅助定位工具，其作用类似于平面制图中的辅助线。不过，Revit 中的参照平面实际上是有高度的平面，它不仅可以显示在当前视图中，也可以显示在垂直于参照平面的视图中。单击"建筑"选项卡中"工作平面"面板中的"参照平面"按钮，在"修改 | 放置参照平面"中偏移量文本框中输入偏移值 2000mm，然后在轴线 A 上适当位置处单击鼠标作为开始点，沿轴线 A 向左移动鼠标，系统会自动绘制出所需要的参照平面，如图 5 - 32 所示。绘制完成后，打开与刚绘制的参照平面相垂直的东、西立面，就可以看到刚绘制的平面在立面上的投影。

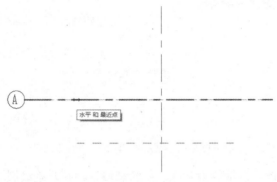

图 5 - 32 绘制参照平面

【创建外墙】

⑥ 由于 Revit 中的墙体是带构造的，因此墙体的两面是有内外墙面的区别。Revit 的墙体绘制过程中遵循所谓的"左手原则"，即外墙面在墙体开始点指向终点的左手边。墙体绘制完毕后，需要检查核对每面墙体的内外面是否正确，如果有墙面画反的情况，可以点选相应墙体，用空格键或者单击墙体旁边的翻转符号来翻转内外墙面，"修改墙的方向"翻转符号如图 5 - 33 所示。

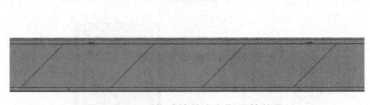

图 5 - 33 "修改墙的方向"翻转符号

⑦ 按照如图 5 - 34 所示的平面视图，绘制完毕外墙部分墙体。完毕后以"5 - 2 - 2. rvt"保存项目文件。

5.2.3　创建宿舍楼一层分户墙、内墙及卫生间隔墙

创建完毕外墙，接下来就是创建其他类型的墙体。本项目除了外墙之外，还包括分户

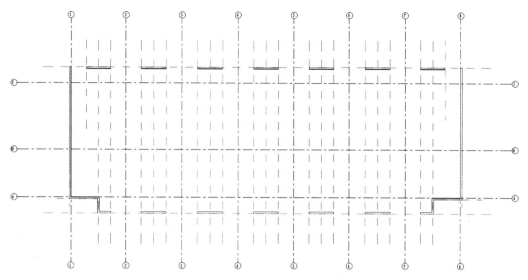

图 5 - 34　宿舍楼一层外墙

墙、内墙及卫生间隔墙。具体的构造详见表 5 - 1。分户墙、内墙及卫生间隔墙的绘制方法基本和外墙相同。

【创建分户墙】

① 打开文件 "5 - 2 - 2.rvt"。按照如图 5 - 35 所示创建分户墙类型 "宿舍楼分户墙 190mm"。在对应位置绘制墙体。

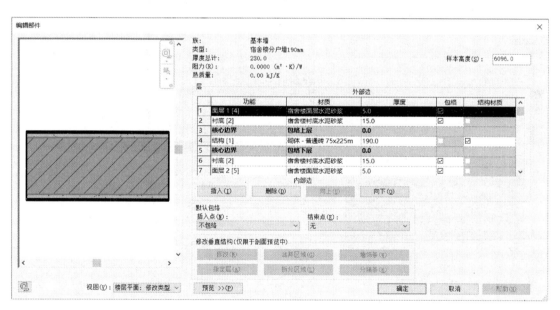

图 5 - 35　"宿舍楼分户墙 190mm" 类型的 "编辑部件" 对话框

② 按照如图 5 - 36 所示创建内墙类型 "宿舍楼内墙 120mm",在对应位置绘制墙体。

③ 按照如图 5 - 37 所示创建卫生间隔墙类型 "宿舍楼卫生间墙 120mm",在对应位置绘制墙体。绘制完毕后,转换到三维视图查看效果,如图 5 - 38 所示。检查各类墙体绘制无误后,以 "5 - 2 - 3.rvt" 保存项目文件。

【创建内墙及卫生间墙】

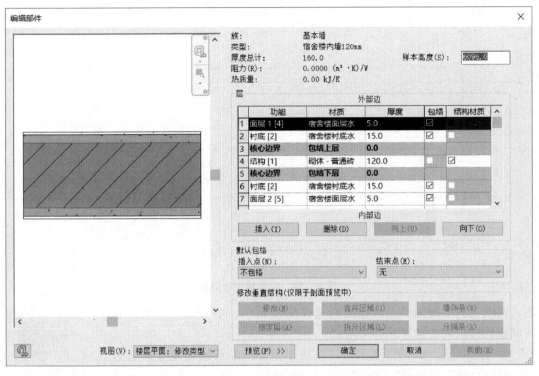

图 5-36 "宿舍楼内墙 120mm"类型的"编辑部件"对话框

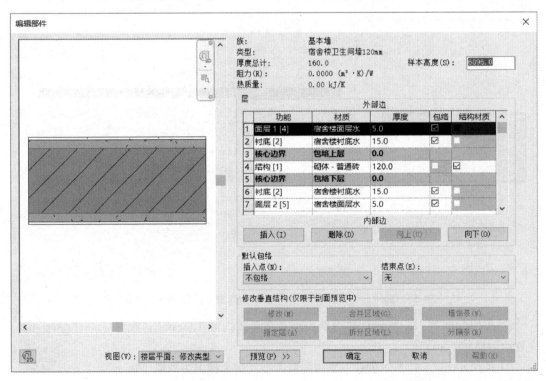

图 5-37 "宿舍楼卫生间墙 120mm"类型的"编辑部件"对话框

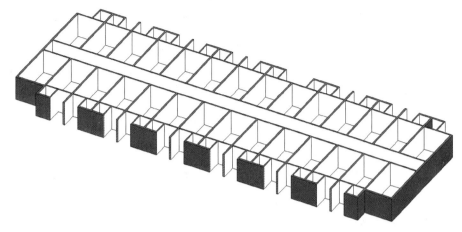

图 5-38　宿舍楼一层墙体

5.2.4　创建宿舍楼其余各层墙体及女儿墙

完成了 1F 的墙体绘制后，可以以其为基础很方便地创建 2F 到 6F 的墙体。由于本项目 2F 到 6F 的墙体的位置、构造等都和 1F 墙体基本一致，而且在创建 1F 墙体时也考虑到了其他楼层的情况，因此可以采用按照标高复制的方式创建。

【复制墙体，创建女儿墙】

① 打开项目文件"5-2-3.rvt"，切换到平面视图 1F。适当缩放视图直到所有的图元显示出来。在视图左上角按下鼠标，向右下角拖动，直到框选了所有墙体，单击鼠标，完成操作。为了保证选择的正确性，可以通过过滤器确认所选图元为墙。

② 在"修改｜选择多个"上下文选项卡中"剪贴板"面板中单击"复制到剪贴板"按钮，完成复制过程。此处要特别注意的是，如图 5-39 所示"剪贴板"面板中的"复制到剪贴板"和前面所介绍过的"修改"面板中的"复制"按钮是不同的，操作时特别注意不要混淆。

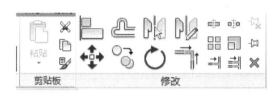

图 5-39　"剪贴板"面板和"修改"面板对比

③ 如图 5-40 所示，单击"剪贴板"面板中的"粘贴"按钮，执行"与选定的标高对齐"命令，出现如图 5-41 所示的"选择标高"对话框。在对话框中按下 Ctrl 键的同时，用鼠标分别点选标高 2F 到 6F，单击"确定"按钮，系统便自动地将墙体复制到所选定的各个标高上。

④ 1F 楼层平面的外墙部分的实际底部标高应该是室外地坪。同时，阳台部分在标高室外地坪和 1F 之间也有墙体，因此，需要添加这部分墙体。右击某个外墙，使用右键菜单中"选择全部实例"下的"在视图中可见"命令，选择全部墙体，将"底部约束"修改为室

外地坪。然后，在阳台部分修改"底部约束"为室外地坪，"顶部约束"为1F的外墙。

图5-40 "与选定的标高对齐"方式粘贴　　　　图5-41 "选择标高"对话框

⑤ 切换到"屋面"平面视图，绘制水箱间墙体。墙体类型为"宿舍楼外墙190mm"。

⑥ 绘制女儿墙。本项目中的女儿墙的构造与外墙相同，高度为1400mm。单击"建筑"选项卡"构建"面板中的"墙"按钮，确定类型选择器中的类型为"宿舍楼外墙190mm"。将"属性"选项板中的"底部限制条件"设置为"屋顶"，"顶部约束"设置为"未连接"，"顶部偏移"值设置为1400mm，按照前面所介绍的方法，绘制出上人屋面部分的女儿墙。然后，切换到"屋顶"平面视图，用同样的方法绘制出水箱间屋顶的女儿墙，需要注意的是水箱部分女儿墙的高度为500mm。

⑦ 切换到三维视图查看各项操作的结果，以"5-2-4.rvt"保存项目文件。

5.3　创建门、窗

门、窗是建筑物中的常见构件。使用Revit的门、窗工具，可以非常方便地在项目中添加门、窗图元。门、窗不能独立存在，必须放置在墙、屋顶等主体图元上，这种依赖主体图元而存在的构件被称为基于主体的构件。

与前面所介绍的墙不同，门、窗属于可载入族，也就是在添加门、窗之前，首先要载入所需要的门、窗族，才能在项目中使用。在默认情况下，Revit系统中所自带的门、窗族经常不能满足具体项目的需求，需要通过自建门、窗族的方式以满足不同项目的需求。

5.3.1　创建一层的门

【创建一层的门】

在创建一层的门之前，首先要对平面图、立面图及门窗表进行深入的研究和分析，确定门的类型及相应的位置，以便于后期工作的开展。

① 打开项目文件"5-2-4.rvt"，切换到平面视图1F。适当缩放视图至B轴线和1、2轴线相交处的适当位置，以便在相应的墙上添加门。

② 单击"建筑"选项卡"构建"面板中的"门"按钮。由于系统默认的样板中没有加载所需的门族，需要以手工方式载入门族。单击"属性"选项板的"编辑类型"按钮，在"类型属性"对话框中单击"载入"按钮，将"建筑＼门＼普通门＼平开门＼双扇"文件夹下的族文件"双面嵌板木门1.rfa"载入到当前项目中。此时，"类型属性"对话框如图5-42所示。

图 5-42　添加"双面嵌板木门 1"族后的"类型属性"对话框

③ 选择门类型为"1500×2400mm"。在"类型属性"对话框中将"类型标记"属性值修改为 M1524。将鼠标指向 B 轴线旁外墙的外侧（门向外开启指向外侧，向内开启指向内测），移动鼠标到适当位置，单击鼠标，将门放置在墙上。此时，门的位置不一定在准确的位置，可以拖动门的"移动尺寸界线"到定位参考的轴线，并修改尺寸标注的值，来实现门位置的精确定位。放置好门以后，检查门的开启方向是否与图纸标注一致，不一致的话，可以使用翻转按钮或者空格键进行调整。按照上述方法，将类型为 M1524 的四个双扇平开木门放置完毕。

④ 采用与前面所述相同的步骤，向项目文件中加载族文件"单嵌板木门1.rfa"（位置在"建筑＼门＼普通门＼平开门＼单扇"文件夹下）作为每间宿舍的房门图元的族。由于该族中默认情况下没有与图纸要求相对应的族类型，需要新建对应的类型。单击"类型属性"对话框中的"复制"按钮，在文本框中输入新建的类型名称"1000×2100mm"，单击"确定"按钮，创建类型。将"尺寸标注"中的宽度属性修改为1000，将"类型标记"属性值修改为 M1021，如图 5-43 所示。单击"确定"按钮完成设置。按照图纸位置将木门放置在对应的位置。由于门的数量比较多，可以采取复制的方式放置。

⑤ 采用与前面所述相同的步骤，向项目文件中加载族文件"单扇嵌板镶玻璃门10.rfa"（位置在"建筑＼门＼普通门＼平开门＼单扇"文件夹下）作为每间宿舍卫生间的房门。确定类型为"900×2100mm"，在"类型属性"对话框中将"类型标记"属性值修改为 M0921。将木门放置在对应的位置。由于门的数量比较多，可以采取复制的方式放置。

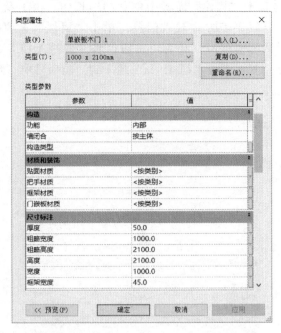

图 5-43　添加"单嵌板木门 1"族后的"类型属性"对话框

⑥ 宿舍楼阳台使用的是门连窗，向项目文件中加载族文件"单嵌板连窗玻璃门 1.rfa"（位置在"建筑＼门＼普通门＼平开门＼单扇"文件夹下）。由于该族中默认情况下没有所需要的族类型，需要新建对应的族类型。单击"类型属性"对话框中的"复制"按钮，在文本框中输入新建的类型名称"1600×2500mm"，按照如图 5-44 所示设置相应的参数。在"类型属性"对话框中将"类型标记"属性值修改为 M1625。放置在对应的位置。由于门连窗的数量较多，可以采用复制的方式创建。

图 5-44　添加"单嵌板连窗玻璃门 1"族后的"类型属性"对话框

⑦ 切换到三维视图查看添加门之后的情况，以"5-3-1.rvt"保存项目文件。

5.3.2 创建一层的窗

与创建一层的门的情况相同，在创建一层的窗之前，首先也是要对平面图、立面图及门窗表进行深入的研究和分析，确定窗的类型及相应的位置。本项目一层的窗类型比较简单，只有一种百叶窗，因此，整个创建工作也比较简单。

【创建一层的窗】

① 打开项目文件"5-3-1.rvt"。单击"建筑"选项卡"构建"面板中的"窗"按钮。由于系统默认的样板中没有加载所需的窗族，需要以手工方式载入窗族。单击"属性"选项板的"编辑类型"按钮，在"类型属性"对话框中单击"载入"按钮，将"建筑\窗\普通窗\百叶窗"文件夹下的族文件"百叶窗3-带贴面.rfa"载入到当前项目中。确定类型为"600×600mm"，将"类型标记"属性值修改为C0606，单击"确定"按钮完成设置，如图5-45所示。

图5-45 添加"百叶窗3-带贴面"族后的"类型属性"对话框

② 在放置窗时需要设置窗台的高度，在"属性"选项板中，设置"限制条件"的"底高度"属性值为1800。在适当的位置放置窗。由于默认情况下平面视图的剖切面在1F标高上方1300mm处，因此，添加窗以后在平面视图上看不到。此时，可以在窗口的空白处单击鼠标，在楼层平面的"属性"选项板中，单击"视图范围"后的"编辑"按钮，在"视图范围"对话框中，将剖切面的偏移量设置为1900mm，此时，才能在平面视图中看

到刚才所添加的百叶窗。

③ 采用分别放置或者复制方式创建相应的百叶窗。

5.3.3　创建其他层的门窗

【创建其他层的门窗】

创建完一层的门窗之后，可以采取同样的方式创建其他楼层的门窗。为了提高工作效率，也可以采用复制的方式将一层的门窗图元复制到其他楼层。

① 打开 1F 楼层平面视图，缩放鼠标调整到适当位置。右击卫生间的百叶窗，在弹出式菜单中选择"选择全部实例"下边的"在视图中可见"命令，选择当前视图中的所有同类型图元。

② 单击"修改 | 窗"上下文选项卡中"剪贴板"面板下的"复制到剪贴板"按钮，将选定的图元复制到剪贴板上。执行"粘贴"下的"与选定标高对齐"命令，在"选定标高"对话框中选择 2F 到 6F，分别将图元复制到对应楼层。切换到三维视图，查看复制后的情况。

③ 采用相同的方法分别复制楼梯间门、房门、阳台门连窗、卫生间门等图元。

④ 切换到 2F 平面视图。单击"建筑"选项卡"构建"面板中的"窗"按钮。单击"属性"选项板的"编辑类型"按钮，在"类型属性"对话框中单击"载入"按钮，将"建筑 \ 窗 \ 普通窗 \ 推拉窗"文件夹下的族文件"推拉窗 6.rfa"载入到当前项目中。由于该族中默认情况下没有与图纸要求相对应的族类型，需要新建对应的类型。单击"类型属性"对话框中的"复制"按钮，在文本框中输入新建的类型名称"1800×1200mm"，单击"确定"按钮，创建类型。将"尺寸标注"中的高度属性修改为 1200，宽度修改为 1800。将"类型标记"属性值修改为 C1812。在"属性"选项板中确认窗的底高度为 1200mm 后，在走廊两端墙的中间位置放置窗体图元。同时，两侧楼梯间的窗使用族文件"推拉窗 6.rfa"，新建一个类型"1500×1200mm"，设置其"类型标记"为 C1512，设置窗底部标高为 0，添加到对应的位置。

通过复制方式创建其他各层对应的窗。

⑤ 最后需要创建的是水箱间的门。在"属性"选项板中确认当前的门族为"双扇嵌板木门 1"，选择类型为"1500×2100mm"，修改"类型标记"为 M1521，在对应位置放置好门即可。

⑥ 切换到三维视图查看操作的结果，以"5-3-3.rvt"保存项目文件。

5.3.4　创建幕墙

幕墙是现代建设项目中经常用到的一种构件。在 Revit 中，幕墙由幕墙嵌板、幕墙网格和幕墙竖梃三个部分组成，如图 5-46 所示。幕墙由一块或多块幕墙嵌板组成。幕墙嵌板的大小、数量由划分幕墙的幕墙网格决定。幕墙竖梃即幕墙龙骨，是沿着幕墙网格生成的线性构件。删除幕墙网格，依赖于该幕墙网格的幕墙竖梃也将同时被自动删除。

使用 Revit 所提供的幕墙族，可以非常方便地创建幕墙。

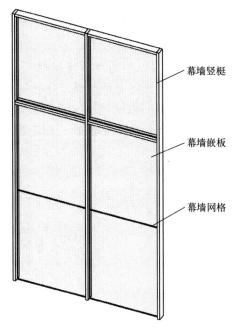

【创建幕墙】

图 5-46　幕墙构造示意图

① 新建一个建筑项目，切换到 1F 平面视图。单击"建筑"选项卡"构建"面板中的"墙"按钮。在类型选择器中选择"基本墙：常规 200mm"类型，绘制一道墙，设置墙的"底部约束"为标高 1，"顶部约束"为未连接，"无连接高度"为 8000。

② 在类型选择器中选择"幕墙"，单击"编辑类型"按钮，进入"类型属性"对话框，通过复制方式新建一个类型"测试幕墙"，勾选其中的"自动嵌入"选项，单击"确定"按钮退出对话框。

③ 在"属性"选项板中，设置"顶部约束"属性值为"未连接"，"无连接高度"属性值为 6000，即玻璃幕墙的高度为 6m。在刚才绘制好的墙中开始绘制幕墙，长度为 4800mm。当绘制完毕后，由于已经勾选了"自动嵌入"属性，因此，幕墙会自动地剪切已有的墙图元。此时可以切换到三维视图查看绘制的结果，如图 5-47 所示。

图 5-47　添加幕墙结果

④ 切换到南立面视图，选择刚刚创建的玻璃幕墙。单击"视图控制栏"中的"临时隐藏/隔离"按钮，如图 5-48 所示。单击弹出式菜单中的"隔离图元"命令，此时南立面视图中仅显示玻璃幕墙图元。

⑤ 单击"建筑"选项卡"构建"面板中的"幕墙网格"按钮，进入"修改 | 放置幕墙网格"上下文选项卡。鼠标指向竖直方向边界位置，自下向上 1200mm 处绘制第一根网格线。然后向上依次间隔 1200mm 绘制一根网格线（也可以采用复制的方式），直到所有的网格线绘制完毕。同样的方法绘制水平方向网格线。幕墙网格尺寸如图 5-49 所示。

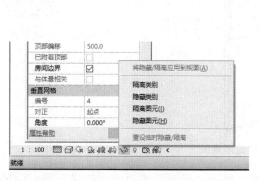

图 5-48　"临时隐藏/隔离"按钮

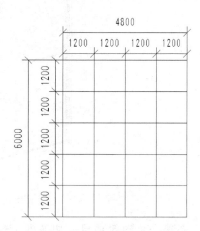

图 5-49　幕墙网格尺寸

⑥ 单击"建筑"选项卡"构建"面板中的"竖梃"按钮，进入"修改 | 放置 竖梃"上下文选项卡。依次用鼠标单击前面绘制的网格线，将其设置为竖梃。绘制完毕后，单击"视图控制栏"中的"临时隐藏/隔离"按钮，单击弹出式菜单中的"重设临时隐藏/隔离"命令，此时南立面视图中的图元都将显示出来，可以发现玻璃幕墙已经创建完毕，如图 5-50 所示。完成相应练习，不保存项目文件。

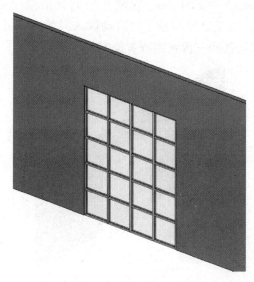

图 5-50　幕墙创建结果

5.4　楼板和屋顶

5.4.1　创建楼板

楼板是建筑物中用于分隔各层空间的构件。Revit提供了三种楼板：楼板、结构楼板和面楼板。其中，面楼板用于概念体量中，将楼板面转换为楼板模型的图元，只能用于从概念体量创建模型时。结构楼板和楼板在使用方法上没有区别，只是结构楼板中能够布置钢筋、进行受力分析等结构专业的应用，提供了钢筋保护层厚度等参数。Revit还提供了楼板边缘工具，用于创建基于楼板边缘的放样模型图元。

【创建楼板】

和其他构件的创建类似，在创建楼板前需要定义楼板的类型，楼板类型的编辑方法和前面所介绍墙的类型编辑方法非常类似。

① 打开项目文件"5-3-3.rvt"。单击"建筑"选项卡"构建"面板中的"楼板｜建筑"按钮。单击"属性"选项板的"编辑类型"按钮，进入"类型属性"对话框。由于项目样板中没有对应的楼板类型，需要新建相应的楼板类型。

② 单击"复制"按钮，创建一个新的楼板类型"宿舍楼一层楼板"，如图5-51所示。

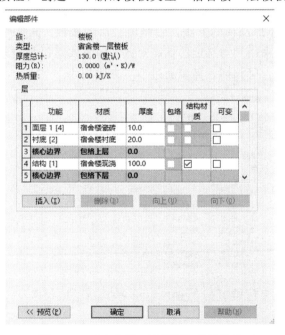

图5-51　"宿舍楼一层楼板"类型构造

③ 确认"修改｜创建楼层边界"上下文选项卡的"绘制"面板中的绘制状态为"边界线"，绘制方式为"拾取墙"。设置选项栏中的偏移值为0，"延伸至墙中（核心层）"的选项处于勾选状态。依次用鼠标单击对应的墙体，选择核心层的外面，绘制出室内部分楼板地面的轮廓线，修剪轮廓线使其首尾相连，确认完成绘制。此时，系统首先会显示

如图 5-52（a）所示的对话框，此时单击"否"按钮。接着会显示如图 5-52（b）所示的提示信息，此时，单击"是"按钮，确认操作。

（a）是否附着对话框 　　　　　　　　　（b）是否剪切对话框

图 5-52　墙体轮廓线完成绘制时出现的对话框

④ 阳台部分楼板可以采取绘制边界线的方式创建。分别使用"修改｜创建楼层边界"上下文选项卡的"绘制"面板中的绘制状态的"拾取墙"和"拾取线"工具，并通过修剪绘制出要创建的阳台部分楼板地面的轮廓，确定后即可完成。

⑤ 卫生间部分的楼板因为高度下降了 20mm，因此需要调整后再绘制。修改"属性"选项板中"自标高的高度偏移"值为 -20，绘制出卫生间楼板的轮廓后即可以生成。依次采用同样的方法绘制出各个卫生间的楼板地面。卫生间墙的边界线在卫生间内墙内侧核心层的表面。

⑥ 由于二层至六层的楼板构造与一楼不同，需要创建新的楼板类型"宿舍楼二至六层楼板"。基本操作步骤与前面的方法类似，在此不再赘述，楼板的构造如图 5-53 所示。切换至 2F 楼层平面，依照前面的方法，绘制出二层的楼板。进一步采用同样方法绘制出三至六层的楼板，或者采用"与选定的标高对齐"的方式通过复制来创建对应的楼板。水箱间的楼板构造与二至六层相同，需要通过手工方式创建。

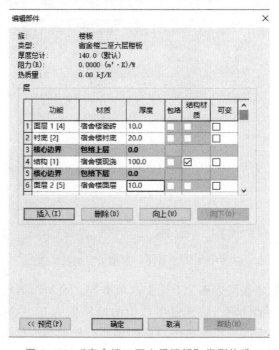

图 5-53　"宿舍楼二至六层楼板"类型构造

⑦ 在宿舍楼的一层及二层还有部分室外楼板，由于构造与室内楼板存在一定不同，需要另外创建。分别以"宿舍楼一层楼板"和"宿舍楼二至六层楼板"为基础，复制出"宿舍楼室外地面"及"宿舍楼室外楼板"类型，其他构造设置不变，将两种楼板面层类型的材质设置为"宿舍楼现场浇筑混凝土"，按照同上的方法绘制出各层室外地面及楼板，室外地面及楼板的尺寸数据如图 5-54 所示。

【创建室外地面及楼板】

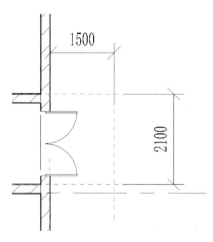

图 5-54　室外地面及楼板的尺寸

⑧ 楼板绘制完成后，以"5-4-1.rvt"保存项目文件。

5.4.2　创建屋顶

Revit 提供了迹线屋顶、拉伸屋顶和面屋顶三种创建屋顶的方式。其中，迹线屋顶指的是创建屋顶时使用建筑迹线定义其边界，这种屋顶的创建方法和楼板非常相似，不同的是在迹线屋顶中可以灵活的定义多个坡度；拉伸屋顶是通过拉伸绘制的轮廓来创建屋顶；面屋顶则用于在体量的非垂直面上创建屋顶。

【创建屋顶】

在当前的项目中使用"迹线屋顶"工具创建所需要的屋顶。

① 打开项目文件"5-4-1.rvt"，切换至屋面平面视图，单击"建筑"选项卡"构建"面板中的"屋顶｜迹线屋顶"按钮。按照如图 5-55 所示建立屋面构造。这里特别需要注意的是要勾选"面层 1［4］"后的"可变"选项。

② 确认不勾选选项栏中的"定义坡度"选项，勾选"延伸到墙中（核心层）"选项，确认绘制模式为"拾取墙"。确认"属性"选项板中底部标高为"屋面"，设置"自标高的底部偏移"为-140，然后开始沿外墙的核心层内面绘制屋顶轮廓线（与楼板不同，屋顶的标高值指的是屋顶底部的标高，设置屋顶向下偏移是为了使屋顶的顶面与对应的标高一致）。

③ 切换到水箱间屋面视图，以同样的屋面类型及方法创建水箱间的屋顶。

④ 屋顶创建工作完成后，可以进一步利用"修改子图元"功能进一步实现屋顶的建筑找坡。选择屋顶，在"修改｜屋顶"上下文选项卡中，找到"形状编辑"面板。单击

图 5 - 55 "宿舍楼屋顶"类型构造

"修改子图元"按钮，进入屋顶的子图元编辑模式。根据设计信息，在对应位置使用"添加分割线"工具添加线图元，并输入线图元对应相对于屋顶的标高值。进一步点选相应的点，输入各个对应点的高程值，即可完成屋顶的创建，如图 5 - 56 所示。

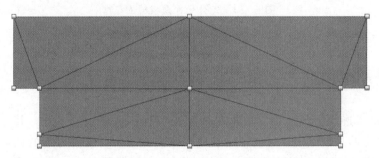

图 5 - 56 屋顶高程点设置结果

⑤ 完成相关工作后，以"5 - 4 - 2. rvt"保存项目文件。

5.5 扶手、楼梯及洞口

5.5.1 创建阳台扶手

Revit 中的扶手由扶手和栏杆两个部分组成。在创建扶手之前，需要在"扶手类型属性"对话框中定义扶手的结构和栏杆的类型。其中，扶手的结构是通过"编辑扶手"对话框来进行定义的，在该对话框中可以定义扶手的名称、相对于"基准"的高度和偏移、采用的轮廓族类型及材质等信息。栏杆的定义是通过"编辑栏杆位置"对话框进行的，该对话框包括两部分内容，在上部名为"主样式"的表格中，可以用来设置主样式中使用的一个或多个栏杆或栏板的相关信息。窗口下部名为"支柱"的表格中，用于设置起点、中点、转角等处所使用的支柱样式及相关参数。

① 打开项目文件"5-4-2.rvt",进入 1F 楼层平面视图。单击"建筑"选项卡"楼梯坡道"面板中的"栏杆扶手｜绘制路径"按钮。单击"属性"选项板的"编辑类型"按钮,在"类型属性"对话框中复制创建一个新的类型"宿舍楼阳台扶手",如图 5-57 所示。修改"顶部扶栏"下的"高度"属性值为 1200。

【创建阳台扶手】

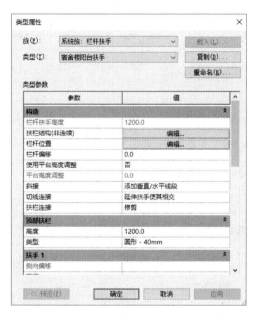

图5-57 "宿舍楼阳台扶手"的"类型属性"对话框

② 单击"扶栏结构(非连续)"后的"编辑"按钮,进入"编辑扶手(非连续)"对话框。按照如图 5-58 所示的信息,设定好扶手的相关信息。完成后单击"确定"按钮,

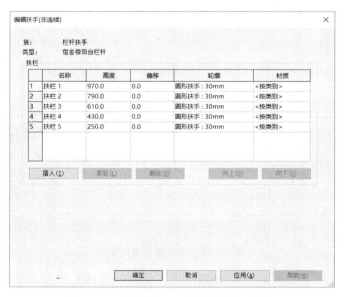

图 5-58 "编辑扶手(非连续)"对话框

返回"类型属性"对话框。

③ 单击"栏杆位置"后的"编辑"按钮,进入"编辑栏杆位置"对话框。按照如图 5-59 所示的信息,设定好主样式和支柱的相关信息。将主样式表格下的对齐方式设置为"中心"。完成后单击"确定"按钮,返回"类型属性"对话框。

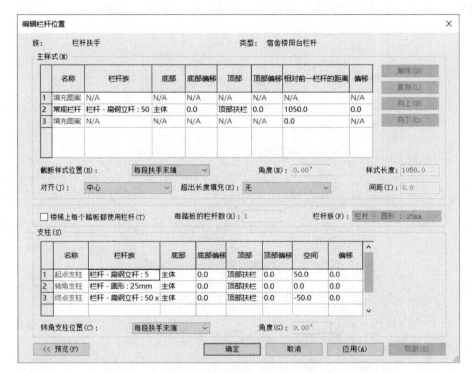

图 5-59 "编辑栏杆位置"对话框

④ 适当调整视图位置,在屏幕上显示宿舍楼左下角的阳台,确认绘制方式为"直线",勾选"选项"面板中的"预览"复选框。设置选项栏中偏移量的设置值为 70。沿阳台边绘制扶手,屏幕上会显示预览的图形,结果如图 5-60 所示。单击"确认"按钮完成创建。

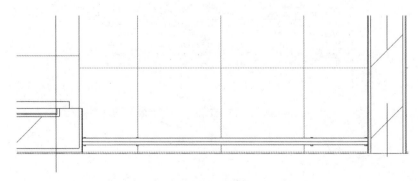

图 5-60 栏杆路径绘制结果

⑤ 以相同方法可以绘制其他阳台的扶手,也可以通过复制方式绘制。进而可以使用"与选定标高对齐"方式将 1F 的扶手复制到其他楼层。

⑥ 切换到三维视图查看所创建的扶手的效果,以"5-5-1.rvt"保存项目文件。

5.5.2 创建楼梯

在 Revit 中提供了"楼梯(按构件)"和"楼梯(按草图)"两种创建楼梯的工具。其中,楼梯(按构件)通过装配常见梯段、平台和支撑构件来创建楼梯,要创建基于构件的楼梯,需要在楼梯零件编辑模式下添加常见和自定义绘制的构件,然后再组装起来。楼梯(按草图)可通过定义楼梯梯段或绘制踢面线和边界线,在平面视图中创建楼梯。

【创建楼梯】

一般情况下使用的是"楼梯(按草图)"工具,在此主要介绍该工具的使用。运用楼梯工具,可以在项目中添加各种形式的楼梯。楼梯由楼梯和扶手两部分组成,在创建楼梯时,可以沿楼梯自动放置指定类型的扶手。与其他构件类似,在创建楼梯之前也要事先定义好楼梯属性中的各种楼梯参数,因此,需要在创建楼梯之前仔细确定好楼梯的各项参数。

① 打开项目文件"5-5-1.rvt"。进入 1F 楼层平面视图。单击"建筑"选项卡"楼梯坡道"面板中的"楼梯│楼梯(按草图)"按钮,进入"修改│创建楼梯草图"上下文选项卡。该选项卡的基本形式与楼板、扶手等类似。

② 由于样板文件中没有所需要的楼梯类型,因此需要创建所需要的楼梯类型。单击"属性"选项板的"编辑类型"按钮,进入"类型属性"对话框,通过复制方式创建一个新的类型"宿舍楼楼梯"。按照如图 5-61 所示设置相关的类型参数。

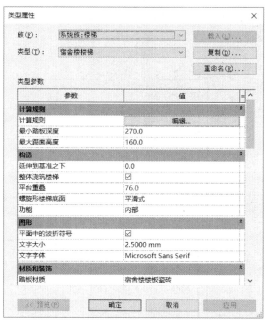

(a) 类型属性参数设置一

(b) 类型属性参数设置二

图 5-61 "宿舍楼楼梯"的"类型属性"对话框

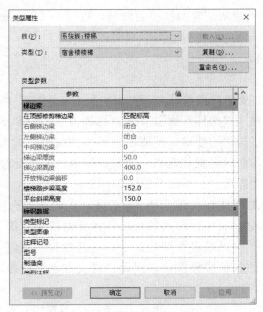

（c）类型属性参数设置三

图5-61 "宿舍楼楼梯"的"类型属性"对话框（续）

③ 修改"属性"选项板中"尺寸标注"下"宽度"属性的值为1700。单击"修改｜创建楼梯草图"上下文选项卡中"工具"面板的"栏杆扶手"按钮，在"栏杆扶手"对话框中，将类型设置为如图5-62所示状态。

④ 适当缩放鼠标，将左下角的楼梯间调整到屏幕中央。为了实现楼梯的准确定位，需要绘制相关参照平面作为定位依据，各个参照平面的位置及楼梯的定位尺寸如图5-63所示。

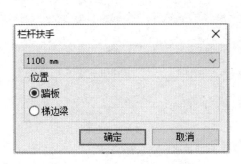

图5-62 "栏杆扶手"对话框

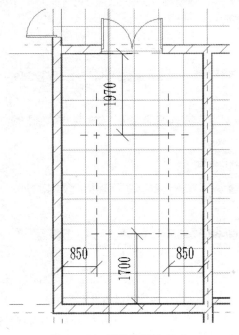

图5-63 楼梯的定位尺寸

⑤ 选择左上角的两个参照平面交点作为开始位置，单击鼠标，沿着左边的参照平面开始绘制楼梯的路径，至左下角的交点作为终点点击鼠标结束绘制。同样，以右下交点作为起点，右上交点作为终点，开始绘制右边部分楼梯的路径。绘制完毕后，单击确定，自动生成楼梯。由于靠墙壁一侧没有栏杆，可以手工将其删除。

⑥ 由于二至六层的楼梯情况与一楼一致，因此可以采用同样的方法依次绘制各层的楼梯。绘制完毕后，切换到屋面平面视图，单击选择扶手以后，单击"修改｜栏杆扶手"上下文选项卡中的"模式"面板中的"编辑路径"按钮，进一步绘制扶手路径延伸到墙边，确认后完成整个楼梯的设计。

⑦ 采取同样的方法，也可以绘制宿舍楼左侧的楼梯。两侧楼梯绘制完毕后，以"5-5-2.rvt"保存项目文件。

5.5.3 洞口

创建完毕楼梯之后，需要在楼梯间的对应位置创建洞口。创建洞口既可以在创建楼板时通过编辑楼板的轮廓来创建，也可以直接使用洞口工具在楼板上直接生成洞口。因方便易用、交互性强，后者是在实践当中常用的方法。

Revit中提供了多种洞口创建工具：垂直洞口、竖井洞口、墙洞口、面洞口及老虎窗洞口。其中，垂直洞口可以用于剪切一个贯穿楼板、天花板及屋顶的垂直洞口；竖井洞口可以创建一个跨多个标高的垂直洞口，其可以对所贯穿的楼板、天花板及屋顶进行剪切；墙洞口可以在直墙或弯曲墙中剪切一个矩形洞口；面洞口与垂直洞口类似，可以垂直于所选择的楼板、天花板、屋顶以及梁柱等的表面方向创建洞口；老虎窗洞口专用于屋顶，可以沿相交的两屋顶交线范围剪切屋顶，以便创建老虎窗。在这里主要介绍如何使用竖井洞口工具。

【创建洞口】

① 打开项目文件"5-5-2.rvt"，为了更好地观察洞口创建的效果，可以先创建一个剖面视图。进入1F平面视图，单击"视图"选项卡中"创建"面板的"剖面"按钮，在1F右侧的楼梯间绘制剖面视图符号。

② 在"项目浏览器"中打开刚刚所创建的剖面视图，查看相关情况。

③ 进入2F楼层平面视图。单击"建筑"选项卡中"洞口"面板的"竖井"按钮，进入"创建｜修改竖井洞口草图"上下文选项卡。在"属性"选项板中设置底部偏移和顶部偏移值为0，底部限制条件为1F，顶部限制条件为屋面。按照楼梯的位置绘制出洞口的边界线，确认后即可以生成贯穿各层楼板的洞口。

④ 分别进入2F到屋面的各个楼层平面视图，使用垂直洞口工具，沿楼梯平台边线绘制洞口轮廓，剪切相关的楼板。

⑤ 进入三维视图查看设计结果，以"5-5-3.rvt"保存项目文件。

5.6 构 件

通过前边的工作，已经基本创建了项目模型的主体，但是，其中仍有很多细节需要进一步的深化和细化。本部分将使用 Revit 的各种主体放样工具及构件族，完成模型的相关细节。

5.6.1 添加楼梯间及室外阳台的楼板边缘

【添加楼板边缘】

使用"楼板边缘"工具可以沿所选择的楼板边缘按照指定的轮廓创建指定的带状放样模型。下面介绍如何给楼梯间的楼板底部边缘添加底部梁。由于系统的样板中没有所需要的底部梁族，需要通过手工方式创建。

① 打开 Revit，在启动界面中单击"族"下面的"新建"命令，在"新族—选择样板文件"对话框中单击"公制轮廓.rft"族样板文件。

② 在楼层平面的"参照标高视图"，按照如图 5-64 所示尺寸绘制楼梯底部梁的轮廓，以"宿舍楼 400×200 楼梯梁.rfa"保存族文件。

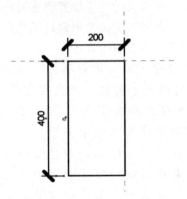

图 5-64　楼梯梁轮廓族尺寸

③ 打开项目文件"5-5-3.rvt"，进入 2F 平面视图。单击"建筑"选项卡"构建"面板的"楼板｜楼板：楼板边"按钮。

④ 单击"插入"选项卡"从库中载入"面板的"载入族"按钮，将刚才所创建的族文件载入到当前的项目文件中。

⑤ 单击"属性"选项板的"编辑类型"按钮，进入"类型属性"对话框，通过复制方式创建一个新的类型"宿舍楼楼梯梁"。将"轮廓"属性设置为刚才所载入的族，"材质"属性设置为"宿舍楼现场浇筑混凝土"。

⑥ 鼠标指向 2F 楼板边缘，单击楼板边缘线，完成楼梯底梁的绘制。以同样方法绘制其他的梁。

⑦ 以同样的方法，如图 5-65 所示使用"公制轮廓.rft"族样板文件，创建室外楼板部分的边缘轮廓，以"宿舍楼室外楼板边缘 190×100 楼梯梁.rfa"保存后载入项目中。然后创建族类型"宿舍楼室外楼板边缘"，材质设置为"宿舍楼面层水泥砂浆"，分别为各个阳台部分的室外楼楼板添加边缘。

⑧ 以"5-6-1.rvt"保存当前项目文件。

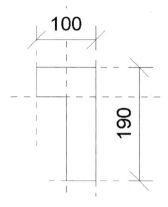

图 5-65　宿舍楼室外楼板边缘轮廓族尺寸

5.6.2　室外台阶

上一节在创建楼板边缘的过程中，我们使用了主体放样。主体放样指的是沿着主体或其边缘按照指定轮廓生成实体。可以生成放样的主体有墙、楼板和屋顶。创建主体放样图元的关键是创建并指定合适的轮廓族。在 Revit 中可以创建任意形式的轮廓族。下面以室外台阶的创建来进一步说明。

【创建台阶和散水】

① 单击"应用程序菜单"按钮，在列表中选择"新建"中的"族"命令。依照前述创建轮廓族的步骤，以"公制轮廓.rft"为样板，创建一个新的轮廓族文件。按照如图 5-66 所示尺寸绘制轮廓。以"室外台阶.rfa"保存族文件。打开项目文件"5-6-1.rvt"，单击"创建"选项卡中的"族编辑器"面板的"载入到项目中"按钮，将新族添加到当前项目文件中。

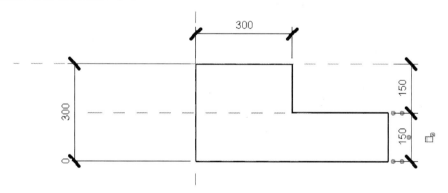

图 5-66　室外台阶轮廓族尺寸

② 参照前述的步骤，创建一个新的楼板边缘类型"宿舍楼室外台阶"，其"类型属性"对话框中的"轮廓"属性设定为刚刚所创建的轮廓族，"材质"属性设置为"宿舍楼屋面水泥砂浆"。

③ 用鼠标指向宿舍楼东西出口处的室外楼板边缘后单击鼠标，完成室外台阶的创建。

5.6.3 散水

① 单击"应用程序菜单"按钮，在列表中选择"新建"中的"族"命令。依照前述创建轮廓族的步骤，以"公制轮廓.rft"为样板，创建一个新的轮廓族文件。按照如图5-67所示尺寸绘制轮廓。以"500mm室外散水轮廓.rfa"保存族文件。单击"创建"选项卡中的"族编辑器"面板的"载入到项目中"按钮，将新族添加到当前项目文件中。

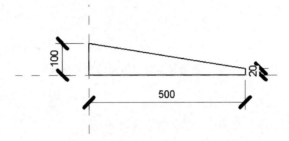

图5-67 室外散水轮廓族尺寸

② 单击"建筑"选项卡中的"创建"面板的"墙"按钮下的"墙：饰条"命令。通过"属性"选项板的"编辑类型"按钮，在"类型属性"对话框中创建一个新的类型"宿舍楼500mm散水"。其相关属性设置如图5-68所示。

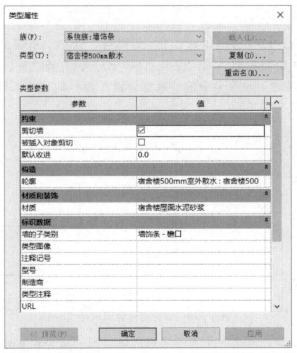

图5-68 "宿舍楼500mm散水"的"类型属性"对话框

③ 散水（墙饰条）不能在平面视图中创建，需要切换到三维视图或者立面视图中才可以通过单击需要添加散水的墙边线的方式创建。

④ 在创建散水的过程中，可能会出现部分转角散水无法连接的问题，此时，单击一侧的散水，在"修改｜墙饰条"上下文选项卡中，单击"墙饰条"面板中的"修改转角"按钮，单击变成蓝色的散水轮廓面，便可以完成对转角的修复，效果如图 5 - 69 所示。

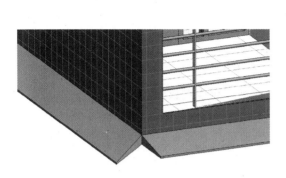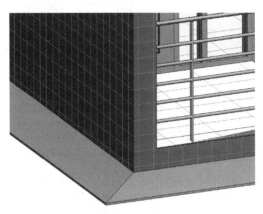

（a）需要使用"修改转角"工具的情况　　　　　　　　　（b）修改后的情况

图 5 - 69　使用"修改转角"工具

⑤ 进入三维视图查看设计结果，以"5 - 6 - 3.rvt"保存项目文件。

5.7　场地与场地构件

使用 Revit 的场地工具可以建立项目的三维地形模型、建筑红线、建筑地坪等构件，完成场地建模。也可以通过向场地中添加植物、停车场等场地构件，丰富场地模型的细节。

5.7.1　添加地形表面

【创建场地】

使用"地形表面"工具，可以为项目创建地形表面模型。Revit 中提供了两种创建地形表面的方式：放置高程点和导入测量文件。放置高程点允许用户手动添加地形点并指定点的高程，使用这种方式必须以手工方式绘制地形中的每一个高程点，因此，比较适合于较为简单的地形模型。导入测量文件方式通过导入 DWG 或文本文件的测量数据，系统自动根据测量数据生成真实的地形表面。

下面介绍通过放置点的方式为宿舍楼项目创建简单的地形表面。

① 打开项目文件"5 - 6 - 3.rvt"。切换至"场地"楼层平面视图。"场地"楼层平面视图实际是以 1F 标高为基础，将剖切位置提高到 10000m 所获得的视图，其"视图范围"对话框的设置值默认情况下如图 5 - 70 所示。

② 单击"体量和场地"选项卡中的"场地建模"面板的"地形表面"按钮。在"修改｜标记表面"上下文选项卡的"工具"面板中单击"放置点"按钮，设置选项栏中"高程值"为－300，工程形式为"绝对标高"，即所放置的高程点的绝对标高为－0.3m。

图 5-70 "场地"平面视图的"视图范围"对话框的设置默认值

③ 通过在四周的相应位置单击鼠标放置高程点。高程点放置完毕后，单击在"修改｜标记表面"上下文选项卡"表面"面板中的"确定"按钮，生成地形表面。

④ 切换到三维视图查看生成的地形情况。单击选择地形后，通过"属性"选项板中的"材质"属性，设置场地的材质。

⑤ 以"5-7-1.rvt"保存当前项目文件。

5.7.2 创建建筑地坪

【创建建筑地坪】

创建地形表面后，可以沿着建筑物的轮廓创建建筑地坪，平整场地表面。建筑地坪的使用方法和楼板基本一致。

① 打开项目文件"5-7-1.rvt"。切换到 1F 楼层平面视图，单击"体量和场地"选项卡的"场地建模"面板中"建筑地坪"工具按钮，自动切换至"修改｜创建建筑地坪"上下文选项卡，进入"创建建筑地坪边界"编辑状态。

② 参照前面章节中楼板类型设计的方法，创建一个新的建筑地坪类型"宿舍楼建筑地坪"，"编辑部件"对话框如图 5-71 所示。

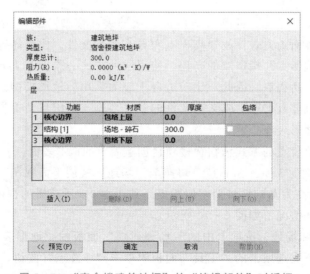

图 5-71 "宿舍楼建筑地坪"的"编辑部件"对话框

③ 确认"属性"选项板中"标高"属性设置为"1F"，"自标高的高度偏移"设置为
－130，也就是建筑地坪在标高 1F 下 130mm 处，该位置为 1F 楼板底部所在位置。

④ 确认"绘制"面板中的绘制模式为"边界线"，使用"拾取墙"的绘制方式，
确认"选项栏"的偏移值为 0，勾选"延伸至墙中（至核心层）"选项，使用与绘制
楼板边界类似的方式沿宿舍楼外墙的内侧核心层表面拾取，生成建筑地坪轮廓的边
界线。

⑤ 绘制完成后，单击"模式"面板中的"完成编辑模式"按钮，按照指定轮廓创建
建筑地坪。

⑥ 以"5－7－2.rvt"保存当前项目文件。

利用建筑地坪工具，还可以开挖场地，创建室外水池等构件，在这里不再一一赘述。

5.7.3　创建场地道路及场地构件

完成地形表面创建之后，可以使用"子面域"或"拆分表面"工具将地形表面划分为
不同的区域，并为各个区域制定不同的材质，从而得到更为丰富的场地创
建成果。

首先使用"子面域"工具创建场地道路。

① 打开项目文件"5－7－2.rvt"。切换至场地楼层平面视图，单击
"体量和场地"选项卡"修改场地"面板当中的"子面域"按钮，进入
"修改｜创建子面域边界"上下文选项卡。

【创建场地道路
及场地构件】

② 按照如图 5－72 所示的尺寸绘制右侧出口子面域的边界。左侧出口的子面域边界也
可以参照图中的尺寸来绘制。

③ 修改"属性"选项板中材质属性为"沥青"，单击"确定"按钮完成绘制。可以切
换到三维视图查看结果。

以上创建道路使用的是"子面域"方式。也可以使用"拆分表面"方式来创建独立的地形
表面。两者的差别在于"子面域"是局部复制原始表面而创建一个新面。"拆分表面"是将原有

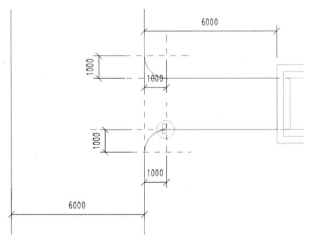

图 5－72　宿舍楼出口道路绘制尺寸

的地形表面拆分成独立的表面。如果要删除新建的地形表面区域，"子面域"工具所创建的表面直接删除就可以了，而"拆分表面"则需要使用"合并表面"工具才可以完成操作。

创建道路之后，可以继续向场地中添加其他类型的构件。

④ 切换至场地平面视图。单击"体量和场地"选项卡"创建场地"面板当中的"停车场构件"按钮，进入"修改｜停车场构件"上下文选项卡。在"属性"选项板的类型选择器中选择"停车位4800×2400mm—90度"的停车位类型，在刚才新建的道路旁边靠近宿舍楼一侧布置若干停车位。

⑤ 单击"插入"选项卡"从族库中载入"面板中的"载入族"按钮，在"载入族"对话框中找到"建筑\配景\RPC甲虫.rfa"族文件，载入到当前项目中。单击"体量和场地"选项卡"创建场地"面板当中的"场地构件"按钮，在"属性"选项板中找到刚才载入的族，将其放置在停车场的适当位置，结果如图5-73所示。按照相同的操作步骤，完成左侧宿舍楼入口的场地构件创建，以"5-7-3.rvt"保存项目文件。

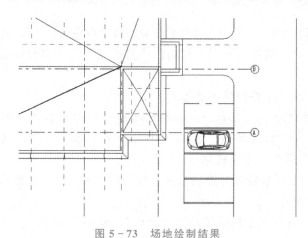

图5-73 场地绘制结果

利用同样的方法，可以分别载入各种不同的族并布置在场地的适当位置，以丰富场地的细节。

本 章 小 结

本章结合某宿舍楼项目的工程资料，运用Revit完成了该项目的建筑模型创建工作。在基于建筑样板创建项目文件后，首先建立了项目的标高和轴网，确立了空间定位体系。继而按照设计资料，创建所需要的墙类型，建立了各类墙体。通过添加所需要的可载入族，完成项目的门、窗添加。接着创建了项目的楼板和屋顶，并添加了扶手、楼梯和所需的洞口。在创建了所需要的基本轮廓族后，添加了项目所需要的楼梯边缘、室外台阶和散水。最后，使用场地工具完成了场地建模。此外，还结合具体的例子介绍了幕墙的创建方法。通过本章的学习，可以使学习者掌握Revit的基本使用方法，并具备结合实际工程资料进行建筑建模工作的能力。

思 考 题

1. 标高和轴网在 Revit 项目中起到什么样的作用？创建标高和轴网一般应按照什么顺序，如果没有按照该顺序会出现什么情况？为什么？

2. Revit 中的墙体构造包括哪些层？它们分别起到什么作用？

3. Revit 中绘制墙体时，墙体的定位线有几种，分别对应墙体的哪个部位？

4. 简述幕墙的创建过程。

5. 简述 Revit 中扶手的组成及创建方法。

6. 简述楼梯的创建方法。

7. 楼板添加洞口方法有哪些？相互之间有什么区别？

8. 如何创建轮廓族？

9. 划分场地表面时，使用子面域和拆分表面工具有什么区别？

第6章
Revit结构建模

本章要点

(1) 创建结构模型项目，实现与建筑模型的协同。

(2) 基础建模。

(3) 创建结构柱。

(4) 创建结构梁。

(5) 创建结构楼板。

学习目标

(1) 掌握不同专业之间模型协同的作用及方法。

(2) 熟悉基础、结构梁、结构柱及结构楼板的建模方法。

通过第 5 章的工作，已经建立了项目的建筑模型。由于建设工程项目需要多专业的协同工作，仅有建筑模型中的信息是远远不够的，还需要建立结构、设备等专业的模型，通过模型的整合应用才能充分发挥 BIM 的作用。在掌握了建筑模型建模的基本知识后，本章将主要介绍结构建模。

6.1 创建项目及工作协同

【创建结构项目】

创建结构模型的基本步骤和操作方法与建筑模型非常相似。在选择适当的项目样板文件创建项目后，通过创建标高和轴网建立模型的空间定位体系，然后按照从下部到上部的基本步骤，依据项目结构图纸中的相关信息，依次创建各个构件即可。需要特别注意的是，为了满足后期 BIM 应用的相关要求，需要使新建立项目中的标高与轴网位置与原来建筑模型中的标高与轴网保持一致。为了达到这一目的，可以使用 Revit 的"链接"及"复制/监视"功能将链接项目所需要的图元复制到当前项目中来，以满足协同工作的要求。

① 使用"结构样板"作为项目样板文件创建一个新的项目。如图 6-1 所示，单击"插入"选项卡"链接"面板中的"链接 Revit"按钮，在"导入＼链接 rvt"对话框中选

择第 5 章建立好的模型文件"5－7－3.rvt"。确认"定位"方式为"自动－原点到原点"后，单击"打开"按钮，系统将自动按照原点对齐方式链接当前项目与所选定的模型。选定所链接的模型文件，单击"修改｜rvt 链接"上下文选项卡"修改"面板中的"锁定"按钮，锁定模型位置，以免因为误操作造成移动。

② 进入"东立面"立面视图。单击"协作"选项卡"坐标"面板中"复制/监视"下的"选择链接"按钮，单击刚才所链接的模型，进入"复制/监视"上下文选项卡。单击"工具"面板中的"复制"按钮，依次用鼠标点击要复制的标高后单击"确认"按钮，所选定的标高将被复制到当前的项目文件中。

③ 因为需要创建的是结构模型，因此需要为所复制的标高创建结构平面。单击"视图"选项卡"创建"面板中"平面视图"下的"结构平面"按钮，在"新建结构平面"（见图 6－2）对话框中依次选择所复制过来的标高，为标高创建结构平面。然后，返回到"东立面"立面视图，依次删除项目样板默认情况下所创建的标高 1、标高 2 等几个默认标高及其所对应的楼层平面视图。

图 6－1　"链接"面板

图 6－2　"新建结构平面"对话框

④ 由于本项目的桩基承台及地梁面的定位标高为－600mm，而同时室外地坪标高不再需要。因此，将室外地坪标高向下移动 300mm，名称修改为"桩基承台及地梁面"。操作的方法和前面章节所介绍的标高创建方法类似，在此不再赘述。

⑤ 进入 1F 结构平面视图，采用和前面复制标高相同的步骤，复制 1F 结构平面视图中的各个轴线，完成轴网的复制。以"6－1－0.rvt"保存项目文件。

在此需要特别强调的是，在不同的模型之间建立协同关系的方法有很多，这里使用的是链接及复制的方式。在工程实践中，可以根据项目的特点及建模的要求，选择不同的建模方式以提高工作效率，获得更好的工作效果。

6.2　基础建模

本项目基础部分采用的是桩基础，基础结构平面图（简化）如图 6－3 所示。桩为 500mm 钢管桩，承台分为三桩承台和四桩承

【案例结构图纸下载】

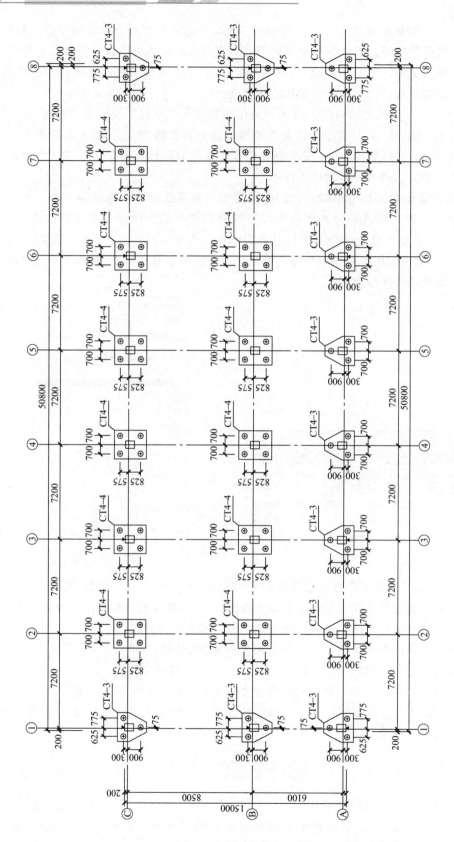

图 6-3 基础结构平面图（简化）

台两种。

① 打开项目文件"6-1-0.rvt"。进入"桩基承台及地梁面"结构平面视图。

② 由于样板文件在默认情况没有加载所需的桩基础及承台族,因此,需要用手工方式另外添加。单击"插入"选项卡"从族库中载入"面板中"载入族"按钮,在"载入族"对话框中,分别加载"结构\基础\"文件夹下的"桩基承台-3根桩.rfa"和"桩基承台-4根桩.rfa"两个族文件。

③ 单击"结构"选项卡"基础"面板中"独立基础"按钮,进入"修改|放置独立基础"上下文选项卡。在"属性"选项板的类型选择器中选择上一步骤所添加的"桩基承台-3根桩1800×2000×900mm"类型的基础。由于该基础和本项目设计资料中的类型不一致,需要新建一个类型"CT3 2000×2200×1300mm",基本操作步骤和前面章节所介绍的新建类型方式完全一致,此处不再赘述。在"类型属性"对话框中需要设置新类型的相关参数,如图6-4所示。

图6-4 "CT3 2000×2200×1300mm"的"类型属性"对话框

④ 按照基础结构平面图所示的位置,在"桩基承台及地梁面"平面图的对应位置放置三桩承台,承台的标高设置为"桩基承台及地梁面"。需要特别注意的是桩基承台的中心是否与轴网轴线交点位置对齐,如果存在偏移的话,需要调整位置,以免产生错误。

⑤ 使用和三桩承台相同的方法,创建新的四桩承台类型"CT4 2200×2200×1360mm",其"类型属性"对话框中的相关参数设置如图6-5所示。按照基础结构平面图所示,在"桩基承台及地梁面"在平面图的对应位置放置四桩承台,承台的标高设置为"桩基承台及地梁面"。

⑥ 布置完毕后,切换到三维视图查看整体效果,如图6-6所示。以"6-2-0.rvt"保存项目文件。

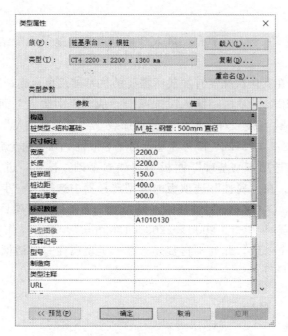

图 6 - 5　"CT4 2200×2200×1360mm"的"类型属性"对话框

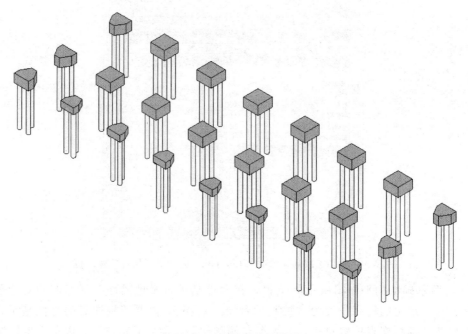

图 6 - 6　宿舍楼基础模型

6.3　创建结构柱

Revit 中可以使用两种不同用途的柱：建筑柱和结构柱。建筑柱主要起装饰和围护作用，而结构柱主要用于支撑和承载重量。在结构模型中使用的是结构柱，由于当前所使用的系统样板中，默认情况下所加载的结构柱类型不能满足建模的要求，因此，需要首先创建需要的族类型，再按照设计资料中的信息，创建相应的结构柱。

【创建结构柱】

① 打开项目文件"6-2-0.rvt"。

② 进入 2F 结构平面视图。单击"结构"选项卡"结构"面板中的"柱"按钮，在"属性"选项板的类型选择器中选择"混凝土-矩形-柱"族。由于默认情况下，结构柱族中没有当前项目中所需要的类型，因此需要以手工方式创建所需要的类型。为了便于后期对信息的分析和利用，类型的命名可以采用"楼层-编号-尺寸"的方式，如 1F 层的 KZ1，类型可以命名为"1F－KZ1 550×600mm"。同时，在"类型属性"对话框中，需要修改新建类型的尺寸数据，具体如图 6-7 所示。

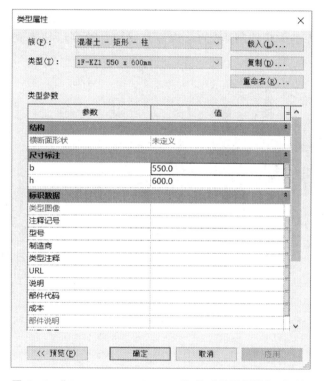

图 6-7 "1F－KZ1 550×600mm"的"类型属性"对话框

③ 单击"确定"按钮，返回到"属性"选项板中，在"结构材质"属性中，按照设计资料，设置当前的类型的结构柱材质为"混凝土-现场浇筑混凝土-C30"。此时，需要特别注意选项栏中的相关项目设置，如图 6-8 所示。其中，显示为"深度"的下拉框中有深度及高度两个选项，分别表示柱是从当前平面开始向下绘制还是向上绘制。而其后的下拉框中可以设置柱的另一端的标高。此处设置"深度"为"桩基承台及地梁面"，即从当前标高面开始向下绘制到桩基承台及地梁面所在的标高位置。

图 6-8 "修改∣放置结构柱"选项栏

④ 由于结构柱的中心位置和轴线交点位置没有重合，因此，需要在轴线1和轴线 A 的交点处绘制参照平面作为定位依据，如图 6-9 所示。在 2F 结构平面视图中轴线交点位置绘制结构柱后与参照平面对齐，完成第一根结构柱的绘制。

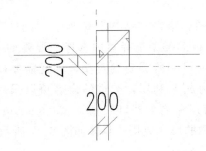

图 6-9　绘制柱定位参照平面位置

⑤ 依次按照前面的方法绘制 1F 的结构柱及梁柱，绘制后切换到三维视图查看结果，如图 6-10 所示。

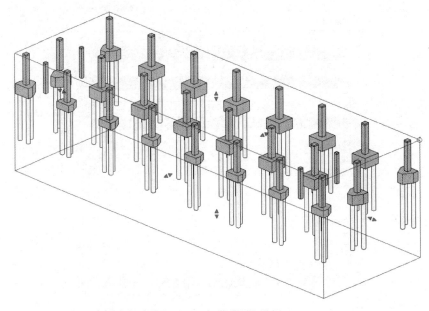

图 6-10　1F 结构柱模型

⑥ 按照前述的各个步骤，分别绘制各层的结构柱及梁柱。

⑦ 将项目文件保存为"6-3-0.rvt"。

6.4 创 建 梁

【创建结构梁】

创建梁的过程从本质上讲和创建结构柱很相似。由于项目样板中没有目前项目中所需要的梁族类型，因此需要先创建族类型，然后根据设计资料，设置梁的相关属性并进行绘制。

① 打开项目文件"6-3-0.rvt"。

② 进入"桩基承台及地梁面"结构平面视图，单击"结构"选项卡"结构"面板中的"梁"按钮，在"属性"选项板的类型选择器中选择"混凝土-矩形梁"族。由于默认情况下，族中没有当前所需要的类型，因此需要以手工方式创建所需要的类型。与前面柱的命名方式类似，为了便于后期对信息的分析和利用，类型的命名可以采用"楼层-编号-尺寸"的方式，如基础梁的JKL1，类型可以命名为"JKL1（2A）250×500mm"。同时，在"类型属性"对话框中，需要修改新建类型的尺寸数据，具体如图6-11所示。

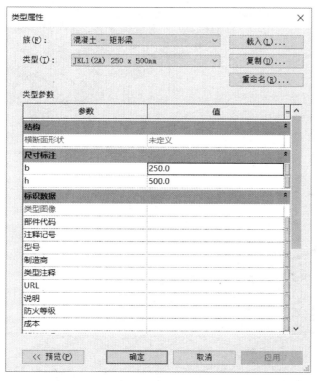

图6-11 "JKL1（2A）250×500mm"的"类型属性"对话框

③ 单击"确定"按钮，返回到"属性"选项板中，在"结构材质"属性中，按照设计资料，设置当前类型的结构柱材质为"混凝土-现场浇筑混凝土-C25"。此时，也需要特别注意选项栏中的相关项目设置，如图6-12所示。其中，如果勾选"三维捕捉"选项，则可以在三维视图中绘制梁；"链"选项被选定后，可以实现以上一根梁的终点作为下一根梁的起点的不间断方式绘制；设置了"结构用途"选项，则可以方便基于结构用途参数利用明细表进行统计。

图6-12 "修改｜放置梁"选项栏

④ 为了便于梁的定位，需要另外绘制参照平面作为定位的依据。按照梁的起点和终点的位置，依次绘制各根基础梁。绘制完毕，进入三维视图查看结果，如图6-13所示。

⑤ 按照同样的方法，依次绘制各层的梁，最终结果如图6-14所示。绘制完毕后，以"6-4-0.rvt"保存项目文件。

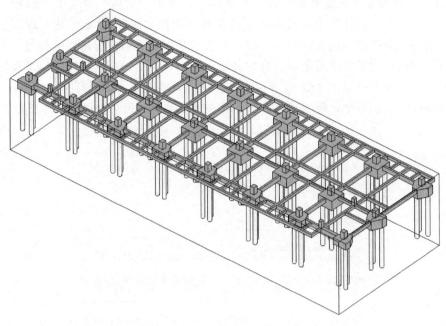

图 6 - 13　基础梁模型

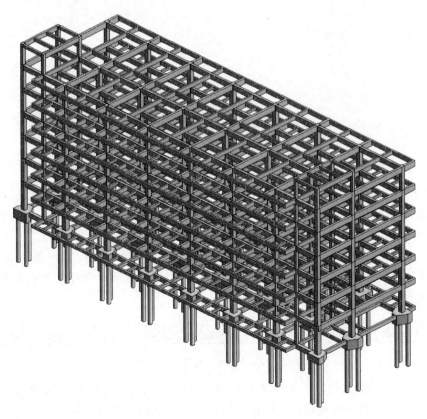

图 6 - 14　宿舍楼梁模型

6.5 创建结构楼板

在第 5 章中已经介绍了如何创建建筑楼板。在"建筑"选项卡"构建"面板中的"楼板"命令下有四个选项，分别是"楼板：建筑""楼板：结构""面楼板"和"楼板：楼板边"。而在"结构"选项卡"构建"面板中的"楼板"按钮下是"楼板：建筑""楼板：结构"和"楼板：楼板边"三个命令选项。不论是哪个选项卡的"楼板：建筑""楼板：结构"命令都可以用于创建楼板，差别在于所创建的是建筑楼板还是结构楼板。不论是哪种楼板，都可以通过"属性"选项板设置其构造，两者的差别在于结构楼板中可以布置钢筋而建筑楼板中不能布置钢筋。结构楼板的创建方法与前面所述建筑楼板的创建方法基本一致，在此不再特别叙述。相关工作结束后，以"6-5-0.rvt"为文件名保存模型文件。

本 章 小 结

结构模型是工程实践中常用的 BIM 模型。本章首先介绍了如何创建结构模型项目文件，使用模型链接及复制标高、轴网的方式实现了结构模型和已有的建筑模型之间的协同。其次，按照宿舍楼项目的工程资料，依次向模型中添加了桩基承台、结构柱、结构梁以及结构楼板，即完成该项目的结构模型的建模工作。

思 考 题

1. 创建 Revit 项目时，使用不同的项目样板文件会有什么区别？
2. 如何实现不同专业的 Revit 模型之间的协同？
3. 如何创建结构模型的基础、结构柱和结构梁？

第三篇

BIM模型应用

第7章

Revit中BIM模型的深度应用

本章要点

（1）明细表。
（2）日照分析。
（3）渲染。
（4）漫游动画。

学习目标

（1）掌握明细表的作用和使用要点。
（2）熟悉日照分析、渲染工具的使用方法，漫游动画的制作方法，Revit 中的模型的显示样式。

7.1　明细表

Revit 中的明细表是一个功能非常强大的工具。明细表以表格形式显示从项目的图元属性中提取的信息，其可以列出要编制明细表的图元类型的每个实例，或根据明细表的成组标准将多个实例压缩到一行中。可以在建模及模型应用过程中的任何时候创建明细表，明细表的信息和模型中的信息是密切关联的，如对项目的修改会影响明细表，明细表将自动更新以反映这些修改。可以将明细表添加到图纸中，也可以将明细表导出到其他软件程序中，如 Excel 等。

在 Revit 中可以建立多种类型的明细表，在"视图"选项卡下的"创建"面板的"明细表"下拉列表中列出了常用的几种类型明细表：（明细表/数量）、□（图形柱明细表）、□（材质提取）、□（图纸列表）、□（注释块）、□（视图列表）。其中比较常用的是"明细表/数量"类型，使用其可以按照对象类别统计并列表显示项目中各类模型图元信息。下面以创建窗明细表为例进行说明。

① 由于窗的信息包含在建筑模型中，需要在建筑模型中建立窗的明细表。打开第 5

章中所建立的建筑模型文件"5-7-3.rvt"。

② 单击"视图"选项卡下的"创建"面板的"明细表"下拉列表中"明细表|数量"按钮，进入"新建明细表"对话框。确认"过滤器列表"中所选定的过滤器为"建筑"，在"类别"中选择"窗"。将"名称"设置为"宿舍楼窗明细表"，如图7-1所示。

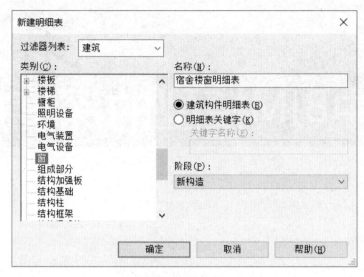

图7-1 "新建明细表"对话框

③ 单击"确定"按钮，进入"明细表属性"对话框。在对话框的"字段"选项卡"可用的字段"列表中显示出了所有可以在明细表中显示的窗的实例参数和类型参数。依次选择族与类型、类型标记、宽度、高度、底高度、合计6个参数，如图7-2所示。

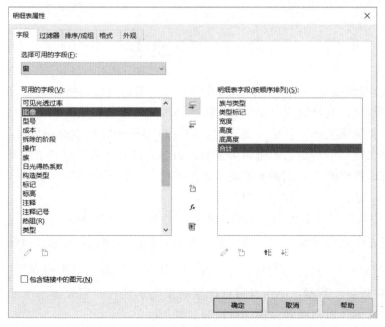

图7-2 "明细表属性"对话框

④ 切换到"排序/成组"选项卡中，选择排序方式为"族与类型"，不勾选下部"逐项列举每个实例"选项，即系统将按照"族与类型"参数的值在明细表中进行汇总，如图 7-3 所示。

图 7-3　"排序/成组"选项卡

⑤ 单击"确定"按钮，完成明细表的设置。系统将显示如图 7-4 所示的窗明细表。

<宿舍楼窗明细表>					
A	B	C	D	E	F
族与类型	类型标记	宽度	高度	底高度	合计
推拉窗6: 1500	C1512	1500	1200	0	12
推拉窗6: 1800	C1812	1800	1200	1200	10
百叶窗3-带	C6060	600	600	1800	156

图 7-4　窗明细表

⑥ 明细表中的信息也可以导出为文本文件，进一步使用其他编辑软件进行加工。使用"应用程序菜单"中"导出"下"报告"当中的"明细表"命令，可以将当前的明细表导出为文本文件。如图 7-5 所示，可以使用"导出明细表"对话框，设置要导出的明细表的内容及分隔符等选项来进行文本文件的定制化。

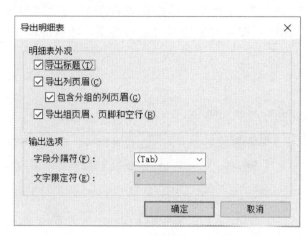

图7-5 "导出明细表"对话框

7.2 日 照 分 析

【日照分析】

利用Revit模型中包含的丰富信息,可以进行建筑的绿色分析及评价。这些分析及评价,既可以使用类似Autodesk Ecotect Analysis这样专业分析软件,也可以使用Revit自身附带的分析工具。在此以Revit日光分析工具为例进行介绍。

在Revit中可以对建设项目进行日光分析,以反映自然光和阴影对室内外空间和场地的影响。日光的模拟可以显示为真实的模拟图片,也可以将动态的过程输出为视频文件。

在进行日光分析之前,首先要对项目的位置进行设定。在设定项目位置之前首先要明确两个概念——项目北和正北。项目北指的是绘图时视图的顶部,与之对应,视图的底部就是项目南。项目北与真实的项目方位没有关系,只是一个绘图的方位而已。正北指的是真实的地理北朝向。如果项目真实的地理朝向不是正南正北方向,那么在项目北和正北之间就存在一定的夹角。在进行日光分析时,由于会受到项目所在位置及朝向的影响,因此,需要首先确定项目的地理位置及朝向。

① 接7.1节练习。单击"管理"选项卡"项目位置"面板中"地点"工具,打开"位置、气候和场地"对话框,切换至"位置"选项卡,在"项目地址"中输入项目所在地的地址或者经纬度坐标值,如本项目所在地的经纬度坐标值为"24.600 N,118.085 E",然后单击"搜索"按钮进行搜索,找到正确的位置后即完成项目地址的设置,如图7-6所示。

② 切换至1F楼层平面视图,将"属性"选项板中"方向"属性的值设置为"正北"。单击"管理"选项卡"项目位置"面板中"位置"下拉列表中的"旋转正北"按钮,使用与"旋转"工具类似的操作方式将项目逆时针方向旋转15度,如图7-7所示。命令执行完毕,可以发现项目的方向已经发生了变化,如图7-8所示。

③ 为了便于绘图。重新将1F楼层平面视图的"方向"属性设置为"项目北",恢复原来的显示状态。

图 7 - 6 "位置、气候和场地"对话框

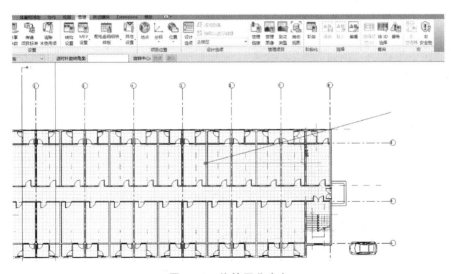

图 7 - 7 旋转正北方向

④ 切换到三维视图,单击视图控制栏中的"打开/关闭"阴影按钮🔆,打开阴影的显示。单击视图控制栏中的⚙"日光路径"按钮,将显示如图 7 - 9 所示的日光路径。

⑤ Revit 支持静态分析、一天动态分析、多天动态分析及照明四种模式的日光分析,可以分别模拟某一具体时刻以及一天、多天情况下的照明和阴影分析。单击"日光路径"中的"日光设置"按钮,进入如图 7 - 10 所示"日光设置"对话框。在对话框中设置"日光研究"模式为静态,时间为 2017 年冬至日 12:00,完毕后,单击"确定"查看模拟的结果。在项目浏览器中三维视图节点上右击,使用"作为图像保存到项目中"命令,将静态模拟结果保存到项目浏览器中"渲染"节点之下。

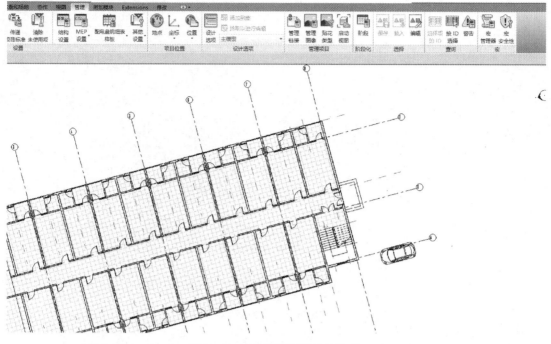

图 7 - 8　正北方向调整后的结果

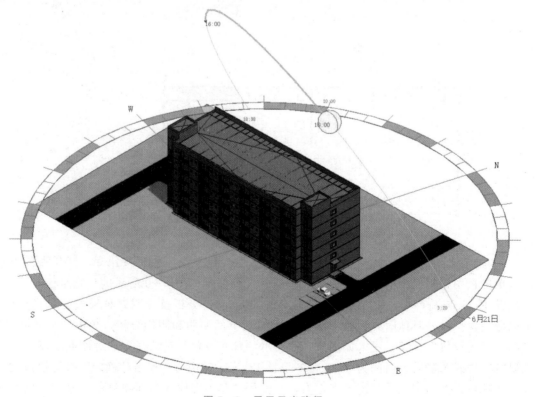

图 7 - 9　显示日光路径

⑥ 重新打开"日光设置"对话框，将"日光研究"模式设置为"一天"，相关参数设置如图 7－10 所示。单击"日光路径"中的"日光研究预览"命令，使用随后出现的"预览播放"控制条，即可在视图中播放显示一天中指定时段的日光及阴影变化情况。

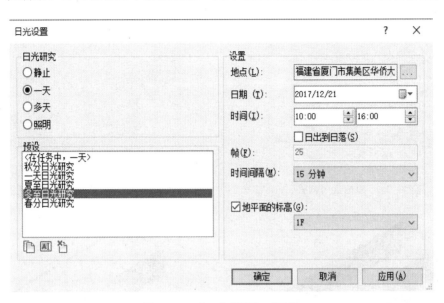

图 7－10　"日光设置"对话框

⑦ 单击"应用程序菜单"按钮，执行"导出"中"图像动画"列表下的"日光研究"命令。在"长度/格式"对话框中设置好相关参数后，即可以将模拟的过程导出为动画文件。需要特别指出的是，绿色设计的分析与评价是一项非常复杂且专业性很强的工作。虽然 Revit 中自带了一些分析工具，但这些分析工具的功能与专业的分析软件显然无法相提并论。要使用专业的分析软件，如 Autodesk Ecotect Analysis，进行深入的绿色设计的分析与评价，可以使用 gbXML 文件格式作为桥梁，将所建立的模型数据导入专业的分析软件中进行分析。

7.3　渲　　染

7.3.1　显示样式

Revit 的三维视图中提供了六种模型图形的表现形式：线框、隐藏线、着色、一致性颜色、真实和光线追踪。通过在三维视图中单击底部的"视图样式"按钮，可以设置不同的显示样式。

【显示样式】

其中，线框样式可显示绘制了所有边和线而未绘制表面的模型图像。隐藏线样式可显示绘制了除被表面遮挡部分以外的所有边和线的图像。对比图 7－11 和图 7－12 可以发现两者之间的区别之处。

着色样式显示处于着色模式下的图像，而且具有显示间接光及其阴影的选项。一致性颜色样式显示所有表面都按照表面材质颜色设置进行着色的图像。在着色和一致性颜色模式下，模型的颜色由"材质浏览器"对话框中"图形"选项卡下"着色"项下的参数决定，两者的区别在于着色模式考虑了日光照射的影响，模型有明、暗面的区别，如图 7 - 13 所示。而在一致性颜色之下，每个面的颜色都是一样的，如图 7 - 14 所示。

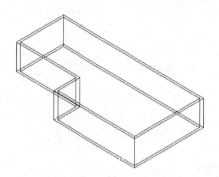

图 7 - 11　线框显示样式

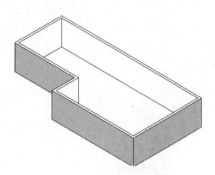

图7 - 12　隐藏线显示样式

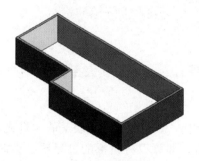

图7 - 13　着色显示样式

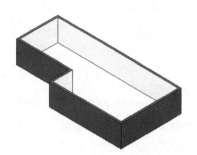

图7 - 14　一致性颜色显示样式

真实样式以可编辑的视图显示材质外观。该样式下模型的外观由"材质浏览器"对话框中"外观"选项卡中的相关设定决定，如图 7 - 15 所示。

光线追踪视觉样式是真实照片级渲染模式，该模式允许平移和缩放 Revit 模型。在使用该视觉样式时，模型的渲染在开始时分辨率较低，但会迅速增加保真度，从而看起来更具有照片级真实感，如图 7 - 16 所示。

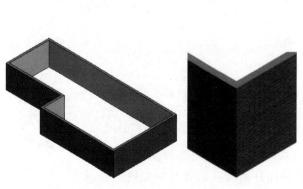

图 7 - 15　真实显示样式

图7 - 16　光线追踪显示样式

7.3.2　渲染设置

Revit 中内置了丰富的材质库，其中的材质均进行过相应的优化，几乎无须对材质进行过多的参数设置便可以获得逼真的渲染效果。利用这些材质可以对模型中的大部分构件进行照片级的渲染。

【渲染】

① 接 7.2 节的练习。切换到三维视图，单击选取模型的某部分外墙，通过"属性"选项板的"编辑类型"按钮，进入到"类型属性"对话框。

② 单击"结构"属性的"编辑"按钮，进入"编辑部件"对话框。单击层列表中第一行"面层 1〔4〕"的"材质"按钮，打开"材质浏览器"对话框。材质的渲染外观设置与在前面建模过程中所设置的表面填充图案、截面填充图案以及着色视图中的表面颜色不同，其决定了模型在"真实"模式下以及渲染后的图形效果。Revit 自身携带了 Autodesk 的材质库和外观库，通过它们可以赋予材质相应的外观属性设置，从而达到理想的效果。如图 7-17 所示，打开"资源浏览器"对话框，将"宿舍楼外墙瓷砖"的外观设置为"12 英寸顺砌-紫红色"，"宿舍楼面层水泥砂浆"外观设置为"漆蜡-白色"，"宿舍楼楼板瓷砖"外观设置为"4 英寸方形和矩形-浅橙色"。

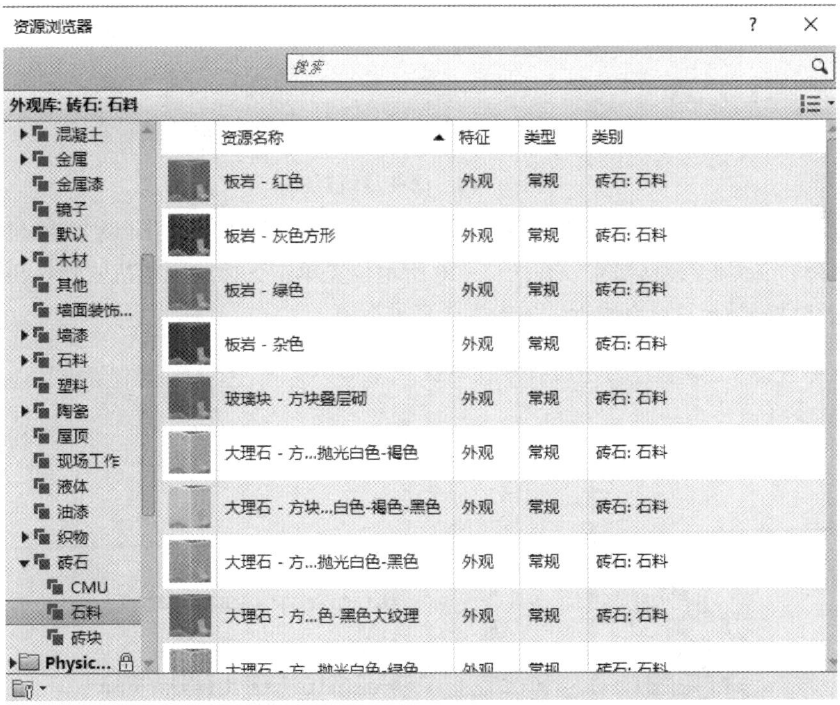

图 7-17　"资源浏览器"对话框

③ 用相同的方法设置场地的材质为"草皮－百慕大草"，如图 7-18 所示。

④ 完成材质设置后，可以使用"相机"工具创建需要渲染位置的视图。切换至 1F 楼层平面视图，单击"视图"选项卡中"创建"面板"三维视图"下拉列表中的"相机"工具。

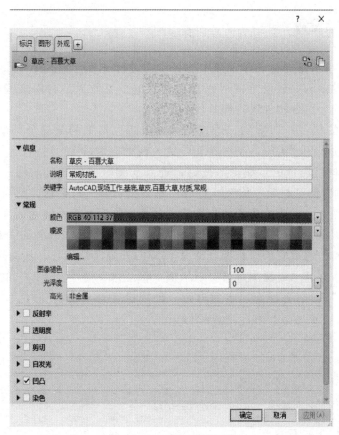

图 7-18　设置场地材质

　　勾选选项栏中的"透视图"选项，设置"偏移"为 1700，即设置相机的高度为 1700mm。移动光标到绘图区域中，在图 7-19 所示位置单击鼠标放置相机视点，再沿图 7-19 所示的方向移动鼠标至目标点附近，单击生成三维视图。

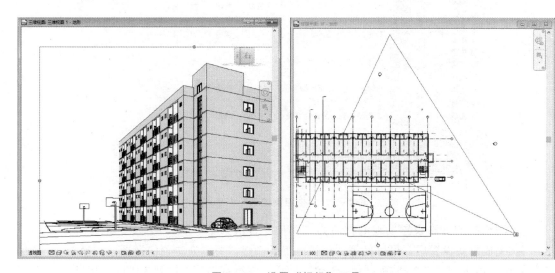

图 7-19　设置"相机"工具

⑤ 切换到新创建的三维视图"三维视图1"。单击"视图"选项卡"图形"面板中的"渲染"按钮,进入"渲染"对话框。该对话框的主要参数和用途说明如图7-20所示。按照图中所示设置好相关参数,单击"渲染"按钮即可以进行渲染。渲染完毕的效果如图7-21所示。

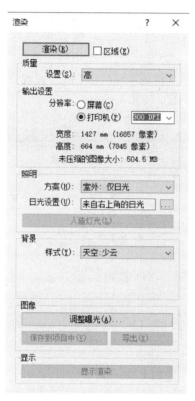

图7-20 "渲染"对话框

图7-21 渲染效果

⑥ 渲染完毕后，可以单击"保存到项目中"按钮，将渲染结果保存在项目中，也可以使用"导出"按钮，将其导出为图片文件。

⑦ 以"7-3-0.rvt"保存项目文件。

虽然 Revit 能提供满足一般项目要求的基本渲染功能，但是为了实现更好的项目展示效果，可以将模型导入到其他的专业渲染软件中进行渲染，如 Artlantis、3ds MAX、Lumion 等。这些转换，有的可以通过 Revit 系统自带的导出工具实现，例如要导入到 3ds MAX 中，可以使用如图 7-22 所示的"应用程序菜单"下"导出"中"FBX"命令，将模型文件转换为 3ds MAX 所支持的 FBX 文件格式实现。有的则需要另外安装转换插件来实现数据格式的转换，如 Artlantis 和 Lumion。

图 7-22　导出为 FBX 格式命令

7.3.3　漫游动画

使用 Revit 中的"漫游"工具可以非常方便地制作漫游动画，使整个项目能以更好的效果展示，让人有身临其境的感觉。下面结合宿舍楼项目，介绍如何使用"漫游"工具，制作该项目建筑物的外部漫游动画。

① 打开项目文件"7-3-0.rvt"。切换至 1F 楼层平面视图。单击"视图"选项卡"创建"面板"三维视图"命令下拉列表中的"漫游"命令。

② 在所出现的"修改|漫游"选项栏中，确认"透视图"复选框处于勾选状态，设置"偏移"为1750.0，设置基准标高为 1F，如图 7-23 所示。

图 7-23　"修改|漫游"选项栏

③ 移动鼠标到绘图区域中，沿着事先所规划好的路线，依次单击放置漫游路径中的

关键帧相机位置。在关键帧之间，Revit 将自动创建平滑过渡，同时每一帧也代表一个相机的位置，也就是视点的位置。如果某一关键帧的基准标高有变化，可以在绘制关键帧时通过"修改 | 漫游"选项栏来修改相关的参数，从而形成上下穿梭漫游的效果。路径绘制完毕后，按 ESC 键退出绘制状态，此时，系统将自动创建"漫游"视图类别，并在该类别下默认创建名为"漫游1"的视图。

④ 漫游路径绘制完毕后，还可以进行适当的调整。在平面视图中单击漫游路径，进入"修改 | 相机"上下文选项卡中单击"漫游"面板下的"编辑漫游"命令，此时漫游路径变为可编辑状态。如图 7 - 24 所示，在"修改 | 相机"选项栏中提供了四种方式用于修改漫游路径，分别是活动相机、路径、添加关键帧和删除关键帧。在不同的修改方式下，绘图区域中的路径会发生相应的变化，如图 7 - 25 所示，此时为"活动相机"状态，路径会显示红色圆点，表示关键帧呈现的相机位置以及可视三角范围。

图 7 - 24 "修改 | 相机"选项栏

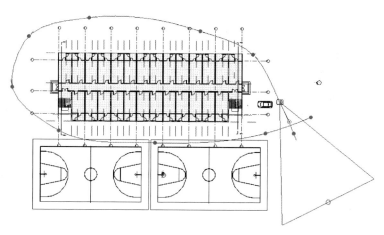

图 7 - 25 控制方式为"活动相机"状态

⑤ 使用如图 7 - 26 所示的"编辑漫游"上下文选项卡"漫游"面板中的控制按钮，可以在路径分别选择和调整各个关键帧的相机的目标点、视线范围等的设置。如果对当前的漫游路径设置不满意，也可以将"修改 | 相机"选项栏"控制"项设置为"路径"，此时，漫游路径中会以蓝色点来表示关键帧的位置，如图 7 - 27 所示。

图 7 - 26 "漫游"面板

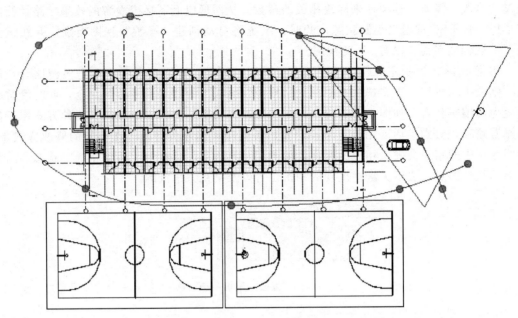

图 7 - 27   控制方式为"路径"状态

⑥ 整个路径设置完成以后，切换至漫游视图，单击选择漫游视图中的裁剪边框，将自动切换至"修改｜相机"上下文选项卡，单击"漫游"控制栏中的"播放"按钮，可以预览查看整个漫游动画的情况。

⑦ 预览效果满意后，执行"应用程序菜单"下的"导出"命令中"图像和动画"下的"漫游"命令，在如图 7 - 28 所示的"长度/格式"对话框中设置相关参数后，即可导出漫游的动画视频。

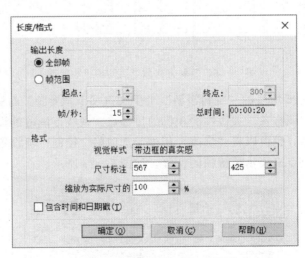

图 7 - 28   "长度/格式"对话框

⑧ 完成相关操作后退出 Revit 系统，不保存修改。

本 章 小 结

　　Revit 所建立的 BIM 模型中包含了丰富的项目信息，通过利用对各类信息的深入分析和应用，可以为各项工程活动提供更好的支持。本章介绍了如何使用明细表从各类模型图元中提取信息、对项目进行初步的日照分析以及制作渲染图，通过以上工作，可以实现对模型信息的深度应用。

思 考 题

1. Revit 明细表的作用是什么？
2. Revit 明细表的类型有哪些？
3. 什么是项目北和正北，两者的关系是什么？
4. 如何进行模型的渲染？
5. 制作漫游动画需要哪些步骤？

第8章
Navisworks应用

本章要点

(1) Navisworks 的概况、界面、文件格式及数据的导入。

(2) 模型的浏览和审阅。

(3) 冲突检测。

(4) 建立和管理选择集。

(5) 4D 进度模拟。

学习目标

(1) 掌握建立和管理选择集的方法，4D 进度模拟的概念及工具的使用，冲突检测工具的使用方法及作用。

(2) 熟悉模型的浏览和审阅工具的使用，Navisworks 的文件格式及外部数据导入的方法。

(3) 了解 Navisworks 的界面、发展情况及相关版本的特点及如何根据项目需要进行选择。

8.1　Navisworks 概述

8.1.1　Navisworks 概况

  Autodesk Navisworks 是 Autodesk 旗下一款功能强大的模型浏览、漫游、模拟及管理软件。Navisworks 是 Tim Wiegand 在 20 世纪 90 年代中期为了解决不同的三维软件之间数据交换的问题，满足用户整合和浏览不同三维数据模型的要求而开发的一款软件。2007年 8 月，Autodesk 收购了 Navisworks 公司及产品，通过不断的产品研发及迭代，目前形成了 Navisworks Freedom、Navisworks Simulate 和 Navisworks Manage 三个不同的版本。其中，Navisworks Manage 是功能最为齐全的版本，它包含了 Navisworks 的所有功能模块。Navisworks Manage 和 Navisworks Simulate 版本之间的差别在于后者没有碰撞检查功能。Navisworks Freedom 是针对仅有模型查看要求的用户推出的免费版本。本章以 Navisworks Manage 为对象介绍 Navisworks 的主要功能和应用，以下没有特别说明之处，Navisworks 均指的是 Navisworks Manage。

　　Navisworks 可以读取六十余种常见三维软件所生成的数据格式，从而实现面向工程项目的模型数据整合、浏览和审阅。基于 Navisworks 中提供的一系列工具，用户可以对完整的 BIM 模型文件进行协调和审查。通过先进的图形显示算法，Navisworks 即使使用性能一般的计算机系统，也可以流畅地查看所有模型文件，大大降低了 BIM 系统实现的系统成本。利用系统提供的碰撞检查工具，可以快速发现模型中存在的潜在的冲突和风险。还可以将施工进度计划数据与 BIM 模型自动对应，建立 4D 模型，实现对工程项目进度的可视化模拟。

8.1.2　Navisworks 界面

　　启动 Navisworks 之后，默认进入空白场景，整个系统界面如图 8-1 所示。和 Revit 一样，其也采用了 Ribbon 界面形式。

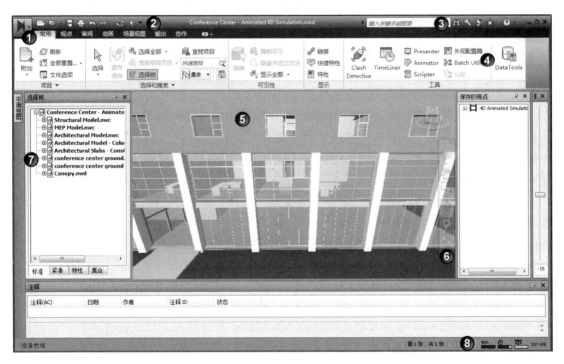

①—应用程序按钮和菜单；②—快速访问工具栏；③—信息中心；④—功能区；
⑤—场景视图；⑥—导航栏；⑦—可固定窗口；⑧—状态栏

图 8-1　Navisworks 窗口界面及其组成

8.1.3   文件格式及数据导入

在 Navisworks 中浏览和查看模型之前需要创建场景文件。在场景文件中，通过打开、附加或合并 BIM 模型文件，Navisworks 可以将当前场景中的数据保存为场景格式数据文件，其支持 NWF 和 NWD 这两种不同格式的场景数据文件。

NWF（Navisworks Files 的缩写）文件为链接格式文件，即系统将保留所有附加至当前场景的原始文件的链接关系，在原始文件修改之后，可以通过"常用"选项卡"项目"面板中的"刷新"工具来载入更新后的文件，使在 Navisworks 中查看的场景保持最新状态。

NWD（Navisworks Document 的缩写）文件则将已经载入当前场景的 BIM 模型文件整合为单一的数据文件，当原始模型调整之后，其无法使用"刷新"工具进行更新。

需要注意的是，如果场景文件为 NWF 格式，由于场景文件与原始文件之间保持链接关系，在打开场景文件时，Navisworks 需要重新访问和读取所有链接至当前场景文件的原始链接数据，必须确保这些原始数据所在目录的位置及文件名称不能改变，否则会出现由于找不到原始数据而无法打开场景文件的问题。NWD 文件由于已经将数据整合到了当前的文件中，则不存在这个问题。

【模型数据导入】

除了以上两种数据文件格式，在使用 Navisworks 时可能还会遇到扩展名为 NWC（Navisworks Cache 的缩写）的文件。NWC 是 Navisworks 用于读取其他软件所生成的模型数据时的中间格式。NWC 文件只能在其他软件（如 Revit）中生成，其自身不能直接保存或修改 NWC 格式的文件。

Navisworks 除了自身所支持的 NWF、NWD 和 NWC 三种格式的文件之外，还支持六十余种的文件格式。如基于内置的文件读取器，Navisworks 可以直接打开或者附加由 Revit 所创建的 rvt 格式文件，将其整合到场景之中。下边尝试将前面所建立的建筑模型导入到 Navisworks 中。

① 启动 Navisworks。单击"常用"选项卡"项目"面板的"附加"列表中的"附加"按钮，在"附加"对话框中将"文件类型"设置为"Revit（＊.rvt，＊.rfa，＊.rte）"，当前窗口中将显示目录下所有的指定扩展名的文件，选定"7 - 3 - 0.rvt"[①]。

② 单击"确定"按钮，Navisworks 系统将所选定的 rvt 模型文件通过附加的方式添加到当前的场景中。使用同样的方法，把"6 - 5 - 0.rvt"附加到当前场景中。

③ 将当前的场景文件保存为"8 - 1 - 3.nwd"。

这里需要注意的是，当向场景中添加模型数据时，可以选择附加或者合并的方式添加。如果使用附加方式添加模型数据，Navisworks 将保持与所附加的模型数据的链接关系，即当外部模型中的数据发生变化时，可以使用"常用"选项卡中"项目"面板的"刷新"工具进行数据更新。使用合并方式添加数据时，Navisworks 将所添加的数据转变成当前场景的一部分，当模型中的原始数据变化后，无法将这些变化反映在当前场景中。

---

① 　此处需要注意，在进行日照分析时，将项目的方向沿逆时针方向调整了 15°（详见 7.2 节），为了使建筑模型与结构模型对应，需要将结构模型也进行调整或者将建筑模型调整的方向调整回来。

Navisworks 之所以能够直接读取不同格式的数据文件，是因为其内置了多种文件读取器。在读取或转换其他格式的文件数据时，将根据文件读取器的设置把模型转换成为 NWC 格式的临时文件。针对不同的文件格式，Navisworks 文件读取器提供了不同的转换设置，用于控制导入的模型状态。在 Navisworks 的"选项编辑器"对话框中，提供了文件读取器的设置选项，用于控制导入指定格式的文件的转换情况，如图 8 - 2 所示。

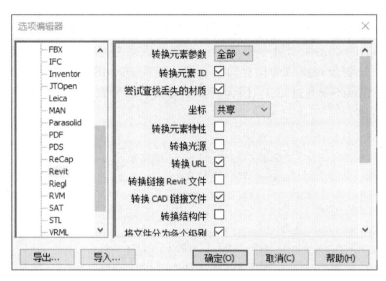

图 8 - 2 "选项编辑器"对话框

通过文件读取器，可以直接读取或转换大多数常见的三维格式文件。对于某些特殊类型的文件，Navisworks 还提供了文档转换插件。在早期的 Navisworks 版本中无法直接打开 rvt 格式的文件，需要通过在安装 Navisworks 时由系统自动安装在 Revit 中的转换插件来实现。Navisworks 2012 版之后的版本，具备了直接打开 rvt 格式文件的能力，但仍然提供了插件方式，供用户在 Revit 中直接生成 NWC 文件。需要注意的是，在安装 Navisworks 时，只有在本机中已经安装的三维软件才会在其中安装转换插件，如果在 Navisworks 已经安装完毕后再安装的三维软件，Navisworks 无法安装其所需要的转换插件，此时，需要通过修复安装方式来运行 Navisworks 的安装程序，为新的软件安装转换插件。

8.2　模型浏览及审阅

在 Navisworks 中整合完场景模型后，首要的工作是浏览及查看模型。Navisworks 提供了多种视图浏览和查看工具，通过这些工具，使用者可以根据需要的方式对视图进行查看。

8.2.1　视点的控制与导航

作为一种模型浏览工具，Navisworks 提供了多种视图浏览控制工具。这些视图浏览与控制工具主要是通过控制视点的位置，通过调整与修订视点的位置来改变视图的显示状态。Navisworks 中的每一个视图均通过相机视图显示。相机视图是通过相机位置及相机观察目标点的位置进行控制。可以将 Navisworks 的视图理解为在三维空间中对场景中的模型在固定的位置进行拍照，相机所在的位置和参数设置决定了视图最终的显示方式。

可以通过"视点"选项卡"相机"面板中的相关命令来查看和设置相机的相关参数。单击面板上的下拉箭头，将出现如图 8-3 所示的下拉面板，显示当前视图中相机的位置及观察点位置的参数。在"相机"面板中还有一个"视野"控制栏，通过该控制栏，可以通过拖动左侧的滚动条或者在右侧的文本框中直接输入数值的方式来调整视野的大小。视野的值增大，Navisworks 将缩小模型显示；视野的值减小，Navisworks 就会放大模型显示，这时候相机位置及观察点的位置均不会变化。Navisworks 相机视野值的范围在 0～180 之间，一般建议不要超过 100，因为视野值过大，会导致模型的显示产生变形，进而影响对效果的观察。

图 8-3　"相机"面板及相关参数

Navisworks 还提供了一系列视点浏览导航控制工具，通过缩放、平移动态观察等方式，进行场景中视点的控制，工具的总体情况如图 8-4 所示。下面通过相关的操作步骤，说明这些工具的使用方法。

图 8-4　导航控制工具

【模型漫游】

① 打开上一节所建立的场景文件"8-1-3.nwd"。单击"视点"选项卡"相机"面板的下拉箭头，在下拉面板中观察当前视图中相机位置及观察点位置的数值。通过拖动"视野"控制栏的滚动条，观察视图的变化，同时，会发现相机位置及观察点位置的值未发生变化。

② 单击"导航"面板中的"漫游"按钮，进入漫游状态。按下鼠标左键，前后拖动鼠标，可以实现在当前的场景中前后行走；左右拖动鼠标，可以实现场景的旋转。

③ 单击"导航"面板中"真实效果"下拉列表，勾选其中的"碰撞"复选框，当行走至模型边缘时，由于与模型中的图元发生碰撞，无法穿越图元。如果取消勾选"碰撞"选项，会发现可以穿越图元，进入模型内部漫游。

④ 单击"导航"面板中"真实效果"下拉列表，勾选其中的"第三人"和"重力"两个复选框，此时，将出现如图8-5所示的第三人效果，继续按照前一步骤的操作方式进行模型的浏览。

图8-5 "第三人"效果

⑤ 单击"视点"选项卡"保存、载入和回放"面板中的"编辑当前视点"按钮，进入"编辑视点-当前视图"对话框。单击对话框下部"设置"按钮，进入如图8-6所示的"碰撞"对话框。可以在该对话框中改变第三人的形象及相关的运动参数设置。

图8-6 "碰撞"对话框

⑥ 限于篇幅，在此不对各个浏览工具进行详细的介绍。退出Navisworks，不保存相关修改。

8.2.2 测量和审阅

在模型中进行浏览时，除了观察之外，通常还需要在图元之间进行测量，并对发现的问题进行标识和批注，以便协调和记录。为了实现这些功能，Navisworks 提供了功能强大的测量及批注工具。

如图 8-7 所示，在"审阅"选项卡"测量"面板中的"测量"下拉列表中，Navisworks 提供了六种测量工具：点到点、点到多点、点直线、累加、角度和区域。单击面板右下角的箭头按钮，可以打开如图 8-8 所示的"测量工具"选项窗口。下面结合具体的练习来介绍测量工具的基本使用。

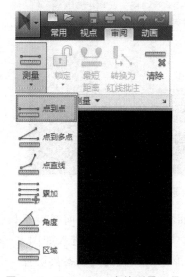

图 8-7 Navisworks 中的测量工具

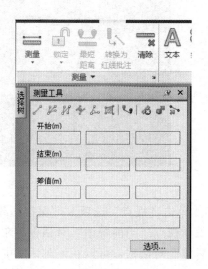

图 8-8 "测量工具"选项窗口

【测量和批注】

① 打开场景文件"8-1-3.nwd"。单击"审阅"选项卡"测量"面板中右下角的"测量选项"按钮，打开"测量工具"对话框，单击选择其中的"点到点"工具，在模型上随意先后点取两个点的位置，这时，在"测量工具"对话框中将显示这两个点的位置及距离。

② 单击"测量工具"对话框中的"选项"按钮，进入 Navisworks 的"选项编辑器"对话框，单击左侧列表中的"捕捉"项，在"拾取"选项组中，确认设置如图 8-9 所示。

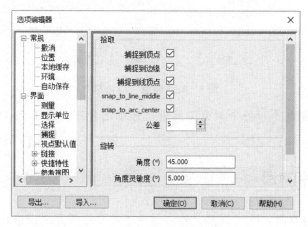

图 8-9 "选项编辑器"对话框

③ 返回到"测量工具"对话框，确认当前选定的工具为"点到点"，分别在左侧楼梯间的上部窗的左上角和右上角两个角点位置上单击，在对话框中可以显示两个点的位置及距离。

④ 选择当前工具为"测量面积"，分别依次单击窗的四个角点，Navisworks将显示该窗的四个角点连线所围合起来的面积。

⑤ 使用"锁定"工具，还可以精确测量两个图元之间的距离。单击"审阅"选项卡"测量"面板中"锁定"下拉列表中的"Y轴"命令，确认测量工具为"点到点"，分别单击窗的上部左右两个角点，Navisworks显示的距离为0。将锁定的命令修改为"X轴"，同样测量这两个角点的距离，系统显示为1.20m的精确值。

⑥ 单击Ctrl键后，分别点选两个窗图元，使用"最短距离"命令，场景视图将自动缩放到测量区域并显示两个图元之间的最短距离。

⑦ 适当缩放及调整视图。单击"视点"选项卡"保存、载入和回放"面板中"保存视点"下拉列表中的"保存视点"命令，将当前视图保存为"楼梯间窗批注视图"。

⑧ 切换至"审阅"选项卡，在"红线批注"面板中单击"绘图"下拉列表中的"椭圆"工具，移动鼠标在如图8-10所示位置绘制椭圆形标记。

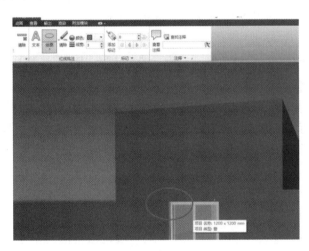

图 8-10　添加标记

⑨ 单击"红线批注"面板中的"文本工具"，在椭圆形标记下方点击鼠标，如图8-11所示输入标记文本。

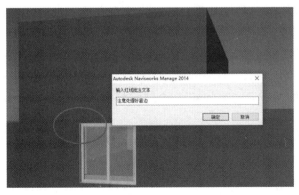

图 8-11　输入标记文本

⑩ 缩放鼠标后会发现刚才添加的标记会消失，切换至"保存的视点"窗口中，单击刚才所建立的"楼梯间窗批注视图"，则会显示出所添加的批注。

⑪ 完成各项操作后，退出 Navisworks，不保存修改。

除了可以使用"红线批注"之外，也可以使用"添加标记"方式在一个视图中添加多条标记与注释信息。可以使用如图 8-12 所示"标记"面板中的"添加标记"工具完成此项任务，在添加标记时，系统会在"保存的视点"中，自动保存当前的视点。

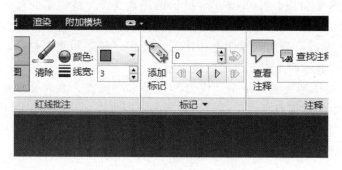

图 8-12 "添加标记"工具

8.3 冲突检测

【冲突检测】

冲突检测是 BIM 应用中常用的功能。为了实现冲突检测，Navisworks 提供了 Clash Detective 工具。使用该工具可以实现三维场景中所指定的任意两个选择集图元之间的碰撞和冲突检测。根据使用者所指定的条件，Navisworks 可以自动查找到存在干涉及冲突的图元位置，并允许用户对检测的结果进行管理。

Clash Detective 提供了四种冲突检测的方式：硬碰撞、硬碰撞（保守）、间隙和重复项。其中较为常用的是硬碰撞和间隙两种方式。硬碰撞指的是两个对象实际相交，也就是场景中的两个图元之间存在交叉、接触等方式的干涉和碰撞；间隙则用于检测在空间位置上两个未接触的图元之间的间距是不是满足要求，所有小于指定间距的图元均被视为碰撞；硬碰撞（保守）指即使几何图形三角形并未相交，仍将两个对象视为相交。重复项则可以用来检查模型场景中是不是存在完全重叠的模型图元，以检测模型文件的正确性。

在进行冲突检测时，需要首先建立测试条目，指定参加冲突检测的两组图元，并设置好冲突检测的条件。

① 打开场景文件"8-1-3.nwd"，通过附加方式将"设备.nwc"添加到当前的场景中。

② 单击"常用"选项卡"工具"面板"Clash Detective"按钮，打开如图 8-13 所示"Clash Detective"对话框。

③ 在进行冲突检测之前，首先需要定义冲突检测的项目。单击对话框右上角的"添加测试"按钮，在列表中添加新的检测项目。将默认的名称"测试 1"，修改为"Water"。

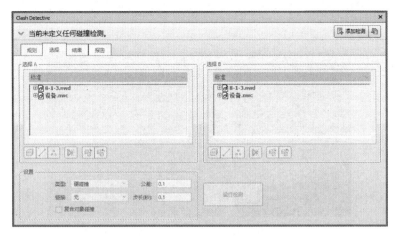

图 8-13 "Clash Detective" 对话框

④ 进行冲突检测需要指定两组参与检测的图元集合。在 Navisworks 中显示为"选择 A"和"选择 B"。在这里"选择 A"设定为"设备.nwc","选择 B"设定为"6-5-0.rvt"。其中,"设备.nwc"为给水系统模型,"6-5-0.rvt"为结构模型。

【下载设备文件】

⑤ 确认底部"设置"选项组中"类型"下拉列表中的设置为"硬碰撞",如前所述,此种类型设定将检测空间上完全相交的两组图元作为碰撞条件。设置"公差"为 0.005m,即当两图元的碰撞距离小于该值的时候,忽略该碰撞。

⑥ 单击"运行检测"按钮,执行冲突检测。运行完毕后,系统自动切换至如图 8-14 所示"结果"选项卡。

图 8-14 "结果"选项卡

⑦ 单击任一检测结果，系统将自动切换至该视图，以便查看碰撞情况，如图 8-15 所示。

图 8-15   某处碰撞结果视图

⑧ 切换至"报告"选项卡，可以用多种格式将冲突检测的结果导出。需要注意的是如果使用 HTML 方式导出检测结果，所保存文件的文件名不能使用中文，否则会出现无法显示图片的问题。

⑨ 以"8-3-0.nwd"保存当前场景文件。

8.4   选定图元

8.4.1   图元的选择

对 Navisworks 中的任何图元进行操作的时候，操作者首先需要选择该图元。最基本的图元选择方法是使用鼠标单击该图元，单击即选择该图元。但是，由于 Navisworks 中可以选择的图元具有不同的层级，不同层级中所能选择的图元往往不尽相同。利用系统所提供的"选择树"工具，可以非常方便地查看所选择图元的层级。

图 8-16   "选择树"窗口

① 打开场景文件"8-1-3.nwd"。单击"常用"选项卡"选择和搜索"面板中"选择树"按钮，系统将显示如图 8-16 所示的"选择树"窗口，在该窗口中以树形方式显示了当前模型中的所有层次的图元信息。在"标准"显示状态下，"选择树"窗口中显示层级从高到低依次为：当前场景文件名；当前图元所在的源文件名；当前图元所在的层或标高；当前图元所在的类别集合；当前图元所在的类型集合；当前选择图元的族名称；当前选择图元的族类型名称；当前选择图元的几何图形。需要注意的是，由于 Navisworks 支持多种类型的模型数据，由不同建模软件所

建立的模型在"选择树"中的各个层级的含义可能存在差别。

②　用鼠标在模型中单击任意图元，打开"选择树"窗口，可以发现对应的图元项目变成了蓝色。

③　单击"常用"选项卡"选择和搜索"面板中"选择"下拉列表中的"选择"工具，进而单击"选择和搜索"后的下拉箭头，将出现如图 8－17 所示的"选取精度"列表。在列表中单击"图层"选项。

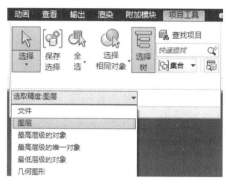

图 8－17　"选取精度"列表

④　用鼠标再次单击刚才所选择的图元，会发现此时整个楼层的图元都被选中，且"选择树"中楼层的对应条目变成蓝色。

⑤　依次尝试其他"选取精度"的设定，在此不再一一赘述。退出 Navisworks 不保存相应的修改。

如前所述，Navisworks 中使用"选择树"对场景中的图元进行管理。在选择树中，层次最低的是几何图形，该图形是构成三维场景的基础。以前面例子所导入的 Revit 族模型为例，Revit 中所有的图元均由族构成，族是由一系列拉伸、放样等建模手段所创建，这些图元在导入 Navisworks 时，将作为最基本的几何图形存在于选择树中。同时，在导入 Revit 模型时，为了减少场景中模型图元的数量，Navisworks 根据族中定义的材质名称将图元进行合并，即在同一个族实例中，材质名称相同的图元将被合并为一个几何图元。Navisworks "选择树"中各个层级的具体信息，详见表 8－1。

表 8－1　"选择树"中各层级含义及图标

级　别	图　标	说　明
1		一个模型，如图形文件或设计文件
2		一个图层或级别，CAD 中表示图层，Revit 中表示标高
3		一个集合，它是 Revit 模型中的一系列项目，其中可能包含其他任何几何图形（例如组、子组或实例化组）。集合在"标准"选项卡中可见
4		实例组，由多个对象组成的图元。对于 Revit 中的模型，它表示族的名称
5		对象组，由多个几何图元组成的实体图元。对于 Revit 中的模型，其表示族的类型
6		一个实例化的几何图形项目
7		基本几何形体，如 Revit 族中的拉伸，Revit 中相同材质的族实例几何图元

8.4.2　管理选择集

【管理"选择集"】

　　为了更方便地选定图元，Navisworks 提供了选择集工具。使用该工具，用户可以随时将场景中所作的图元选择以选择集进行保存，在后期的使用中，可以随时通过选择相应的选择集来选择保存在其中的图元。

　　① 打开"8-1-3.nwd"。在"选择树"窗口中单击"6-5-0.rvt"下的"桩基承台及地梁面"条目，选定其中的图元。

　　② 单击"常用"选项卡"选择和搜索"面板中"保存选择"按钮，此时，将出现如图 8-18 所示的"集合"窗口。在该窗口中自动创建了一个选择集。

　　③ 将所建立的选择集名字修改为"桩基础及地梁"。

　　④ 依次采用相同的方法建立如图 8-19 所示各个选择集。

图 8-18　"集合"窗口

图 8-19　宿舍楼项目选择集信息

　　⑤ 以"8-4-2.nwd"保存当前的场景文件。

　　除了可以建立选择集之外，还可以使用搜索集，根据给定的信息条件对当前场景中的各个图元进行匹配检索，选择满足条件的图元，限于篇幅，在这里不再介绍。

8.5　4D 进度模拟

　　Navisworks 提供了 TimeLiner 工具，利用该工具，可以在场景中定义施工时间节点周期信息，并根据所定义的施工任务生成施工过程模拟动画。由于在三维的场景中添加了时间维的信息，所以三维模型升级为了 4D 模型。

　　要建立 4D 模型进行施工过程的模拟，必须要使用 TimeLiner 工具制定详细的施工任务计划，如图 8-20 所示。在 TimeLiner 中，可以定义各项施工任务包括计划开始及结束时间、实际开始及结束时间、人工费、材料费等多项信息。这些信息都包含在施工任务中，作为施工进度模拟的基础信息。

Navisworks 允许用户自定义及修改信息，也可以导入 Project、Excel、P6 等常用的施工进度管理软件所生成的 MPP、CSV 等格式的任务数据。并以这些数据为基础为当前场景自动生成施工任务。

和一般的施工进度模拟不同的是，在 4D 模型中，施工任务必须与场景中的图元一一对应。可以使用前面所介绍的选择集，通过事先建立多个选择集并将其与施工任务相对应，从而使选择集中的图元具备时间信息，成为 4D 信息图元。同时，Navisworks 也提供了实现选择集与施工任务实现快速自动映射的工具，以提高工作效率。

除了时间信息，还需要在施工任务中定义各项任务的任务类型。如图 8-20 所示，Navisworks 中默认可以定义构造、拆除和临时三种任务类型。任务类型用于设置不同的施工任务中模型的显示状态。如默认情况下的拆除类型施工任务，在该项任务开始时，是以“红色 90%透明”的状态显示任务所对应的图元，当任务结束时，则隐藏与该任务关联的图元，以表示该项任务所对应场景中的图元已经被拆除（不再显示）。

名称	开始外观	结束外观	提前外观	延后外观	模拟开始外观
构造	绿色(90% 透明)	模型外观	无	无	无
拆除	红色(90% 透明)	隐藏	无	无	模型外观
临时	黄色(90% 透明)	隐藏	无	无	无

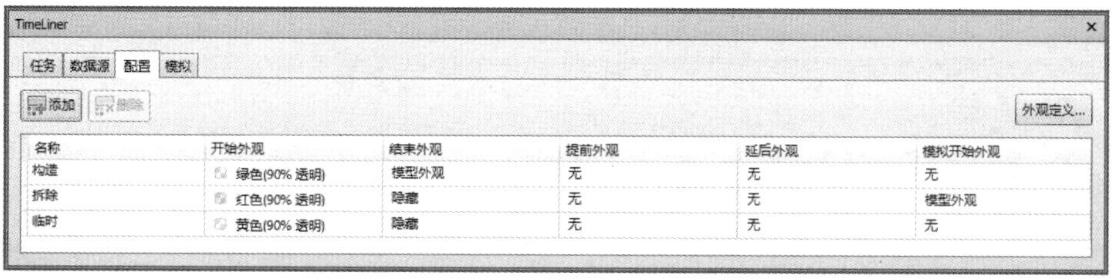

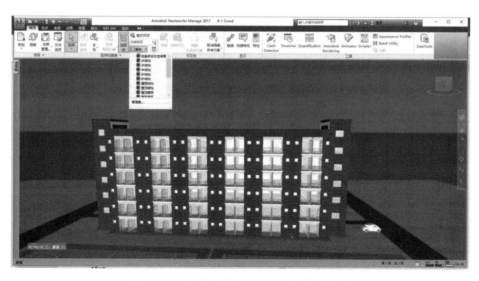

图 8-20 “TimeLiner”中的任务类型及其设置

① 打开场景文件“8-4-2.nwd”。单击“常用”选项卡“选择和搜索”面板中的“集合”下拉按钮，查看当前已经建立好的各个选择集的情况，如图 8-21 所示。

图 8-21 查看项目中已经建立好的选择集

② 打开“常用”选项卡“工具”面板下的“TimeLiner”命令，系统将打开 TimeLiner 工具，如图 8 - 22 所示。

【4D进度模拟】

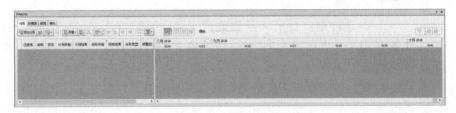

图 8 - 22 "TimeLiner"窗口

③ 单击"添加任务"按钮，添加一项新的任务，将任务的名称修改为"基础结构施工"，将计划开始时间设置为 2017 年 8 月 1 日，结束时间设置为 2017 年 8 月 15 日。进一步设置实际开始时间为 2017 年 8 月 3 日，结束时间为 8 月 20 日。任务类型设置为构造，"附着的"设置为"集合－＞桩基承台及地梁面"。

④ 按照上述的方法，参照图 8 - 23 的信息，设置各项任务信息。在任务列表中的"状态"栏中，显示了各项任务的状态，如晚开始晚完成、在计划完成之后开始等。同时，在右边显示当前任务计划的横道图。

已激活	名称	状态	计划开始	计划结束	实际开始	实际结束	任务类型	附着的	总费用
☑	基础结构施工		2017/8/1	2017/8/15	2017/8/3	2017/8/20	构造	集合->桩基承台及地梁面	
☑	2F结构施工		2017/8/15	2017/8/25	2017/8/20	2017/8/30	构造	集合->2F结构	
☑	3F结构施工		2017/8/25	2017/9/4	2017/8/30	2017/9/10	构造	集合->3F结构	
☑	4F结构施工		2017/9/4	2017/9/14	2017/9/10	2017/9/21	构造	集合->4F结构	
☑	5F结构施工		2017/9/14	2017/9/24	2017/9/21	2017/10/1	构造	集合->5F结构	
☑	6F结构施工		2017/9/24	2017/10/4	2017/10/1	2017/10/23	构造	集合->6F结构	
☑	屋面结构施工		2017/10/4	2017/10/14	2017/10/23	2017/10/31	构造	集合->屋面结构	
☑	屋顶结构施工		2017/10/14	2017/10/20	2017/10/31	2017/11/5	构造	集合->屋顶结构	
☑	屋顶建筑施工		2017/10/20	2017/10/23	2017/11/5	2017/11/8	构造	集合->屋顶建筑	
☑	屋面建筑施工		2017/10/23	2017/10/30	2017/11/15	2017/11/15	构造	集合->屋面建筑	
☑	6F建筑施工		2017/10/30	2017/11/9	2017/11/22	2017/11/22	构造	集合->6F建筑	
☑	5F建筑施工		2017/11/9	2017/11/19	2017/11/22	2017/11/30	构造	集合->5F建筑	
☑	4F建筑施工		2017/11/19	2017/11/29	2017/11/30	2017/12/10	构造	集合->4F建筑	
☑	3F建筑施工		2017/11/29	2017/12/9	2017/12/10	2017/12/20	构造	集合->3F建筑	
☑	2F建筑施工		2017/12/9	2017/12/19	2017/12/20	2017/12/30	构造	集合->2F建筑	
☑	1F建筑施工		2017/12/19	2017/12/29	2017/12/30	2018/1/9	构造	集合->1F建筑	
☑	室外施工		2017/12/29	2018/1/15	2018/1/9	2018/1/23	构造	集合->室外施工	

图 8 - 23 "TimeLiner"工具中的任务信息

⑤ 切换至"模拟"面板，单击"设置"按钮，进入"模拟设置"对话框。在其中确认"视图"中的选项为"计划"，单击"确定"按钮后进行进度模拟。

⑥ 切换至"配置"面板，将其中的"延后外观"设置为"红色"。返回到"模拟"面板，按照"计划与实际"视图进行模拟。这时会发现由于进度滞后，实际完成时间晚于计划时间的任务将用红色显示。

⑦ 打开"模拟设置"对话框，在"覆盖文本"中，增加"当前活动任务"内容并将

字体颜色设置为红色后，查看模拟结果。

⑧ 单击"导出动画"按钮，按照图 8-24 所示对"导出动画"对话框中的参数进行设置，将当前的模拟过程导出为动画。在导出动画的过程中需要注意的是，影响动画视频质量的参数主要是渲染和每秒帧数。在窗口尺寸一定的情况下，使用 Autodesk 渲染器，每秒帧数设置 20 以上，会获得比较高的视频质量，但是，相应的耗用时间以及生成的视频文件容量会激增。

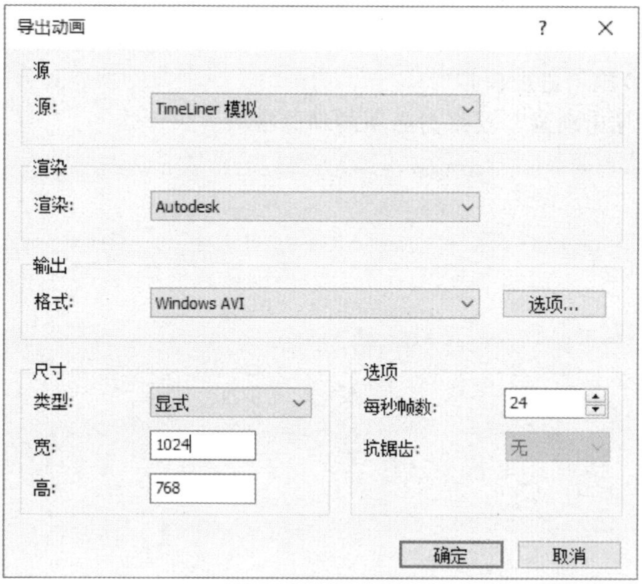

图 8-24 "导出动画"对话框

综上所述，进行施工进度的 4D 模拟，Navisworks 一般要做好如下的准备工作：定义施工任务，设置任务的各项信息（特别是时间参数），将指定的选择集与施工任务关联，通过设置任务类型，明确各项任务在施工模拟中的表现。

这里需要特别强调的是 Navisworks 施工进度 4D 模拟的核心是场景中图元选择集的定义。必须要确保每个选择集中的图元与施工任务之间精确地一一对应，才能得到正确的施工模拟结果。

本 章 小 结

Autodesk Navisworks 是 Autodesk 旗下一款功能强大的模型浏览、漫游、模拟及管理软件。本章分别介绍了 Navisworks 的发展历程、界面、版本组成、基本概念、数据导入等内容。特别针对软件常用的模型浏览及审阅、冲突检测、管理选择集、4D 进度模拟等模块的功能及使用方法进行了详细的介绍。通过相应内容的学习，可以使学习者基本掌握软件的使用方法，具备解决工程问题的能力。

思 考 题

1. Navisworks 按照功能划分可以分为哪些版本？如何根据工程需要选择对应的版本？
2. Navisworks 自身的数据格式有哪些？它们之间有什么区别？
3. 如何将 Revit 的模型数据导入到 Navisworks 中？
4. Navisworks 可以检测哪些类型的冲突？这些类型之间有什么区别？
5. 什么叫选择集？如何建立选择集？
6. 如何进行 4D 施工进度模拟？
7. 如何使用"导出动画"获得高品质的动画视频？

第四篇

BIM实施的规划与控制

第9章
BIM应用过程的管理

📚 本章要点

（1）企业级 BIM 实施计划，项目级 BIM 实施计划。
（2）BIM 团队建设。
（3）BIM 应用中的合同管理。
（4）BIM 综合应用案例。

📚 学习目标

（1）掌握企业级 BIM 实施计划和项目级 BIM 实施计划的内容及编制重点。
（2）熟悉 BIM 应用对组织架构的影响，企业和项目级团队的基本架构，常见的 BIM 应用模式。
（3）了解国际及我国 BIM 技术合同文件发展的基本情况，BIM 工程师的能力、素质要求。
（4）培养在实际项目及企业中开展 BIM 应用的能力。

9.1 概　　述

【BIM实施的影响】

　　BIM 的应用，对建设项目全生命周期的各个环节都产生了巨大的影响。人们已经越来越认识到广义的 BIM 不应只是被简单地理解成一种工具或技术，其体现了在信息技术的影响下，传统的建筑业所发生的巨大变革，这场变革中不仅包含了工具、技术等方面的变化，更体现了生产过程及生产模式的变革。

　　一方面，作为一种系统创新技术，BIM 的应用对建设项目各个参与方的工作模式产生巨大影响，促进信息的产生、传递及协同，提高了工作的效率，产生了巨大的经济效益和社会效益。另一方面，BIM 的发展和应用也对传统的建筑业带来了巨大冲击和挑战，如对工程技术及管理人员更高的能力要求，对建设项目参建方之间更强的协同能力要求，由于工作模式改变带来的利益关系重组以及新技术应用所带来的风险等。要解决这些问题，使 BIM

能尽快地融入工程实践当中，切实带来效率和效益，需要对 BIM 应用的过程进行有效管理，综合运用技术、管理、经济、法律等多种手段，保障 BIM 应用工作的顺利开展。

在企业或项目中引入 BIM 是一个复杂的过程，按照一般的观点应包括事前的策划与准备，事中的检查与控制，事后的评估与分析三个基本环节。本书主要从这个过程中几个重要的问题展开分析。

9.2　BIM 实施计划

BIM 实施计划（BIM Execution Plan，BEP）是指导 BIM 应用和实施的纲领性文件。制订 BIM 实施计划的目的是在 BIM 应用的工作中，以最低的成本达到预期的目标。计划的制订者为了实现这一目标，在充分调研的基础上，对现有的资源进行优化整合，通过全面细致的构思谋划，制订出详细、具有可操作性并不断在实施过程中进行完善的方案。在 BIM 推广和应用中，居于先进地位的发达国家，不论是企业还是建设项目对制订 BIM 实施计划均给予高度关注。以美国为例，根据有关资料的不完全统计，截至 2016 年，针对各类不同的项目类型、业主类型、承发包模式类型的 BIM 实施计划指南已经有几十种。其中较为典型的如美国宾夕法尼亚州立大学所编写的分别针对项目及业主的 BIM 实施计划，具有很强的参考和借鉴意义。[①]

BIM 实施计划可以分为企业级 BIM 实施计划和项目级 BIM 实施计划两个类型。企业级 BIM 实施计划主要针对一个企业应用 BIM 的相关工作进行总体的计划和安排，这个企业可以是业主单位、勘察设计单位、施工单位或者咨询单位等，从大的方面讲其属于企业的技术创新和应用计划的范畴。项目级 BIM 实施计划是针对一个具体的项目实施中的 BIM 应用工作进行计划和安排，主要涉及项目的各个参建方。

9.2.1　企业级 BIM 实施计划

企业级 BIM 实施计划主要聚焦于通过 BIM 在建筑企业中的推广和应用，达到改善企业管理，提高劳动生产率，增强企业的核心竞争力的目的。相较于项目级的 BIM 应用，企业级 BIM 应用的涉及面更广，对企业的影响更大，在实施的过程中，需要根据企业的实际情况，在企业未来发展目标和战略的引领下，制订有针对性的企业 BIM 级实施计划。一般而言，企业级 BIM 实施计划应包含以下几个方面的内容。

【企业级BIM
实施计划】

1. 实施目标

在制订企业级 BIM 实施计划时，首先要确定的是企业级 BIM 实施的目标。作为企业管理活动重要的一个方面，企业的 BIM 实施目标应服从和服务于企业的战略目标，通过 BIM 的推广和应用，特别是与其他信息系统的深度融合，建立起新的企业业务模式，充分合理配置企业的资源，发挥建筑信息化的巨大威力，促进企业战略目标的实现。一般而

---

① 相关文件可以通过 http://bim.psu.edu 获取。

言，企业级 BIM 实施的目标可以围绕以下几个方面展开。

（1）促进企业管理规范化和流程化

建筑企业的管理模式正在实现从职能化管理向流程化管理的转变。在这个过程中，BIM 结合企业信息系统（如 OA 系统、运营管理系统、财务系统等），可以承担信息传递和流程固化的功能，促进业务的标准化和流程化。同时，相关的信息存储在统一的建筑信息模型之中，可以使得企业管理内容与管理对象更加的具体化、规范化，减少因管理对象不具体、管理过程不明确所造成的损失，提高企业决策和管理的水平。

（2）打破信息孤岛，提高企业协作水平

通过建立基于 BIM 的信息系统作为企业部门协作平台，使得相关的企业部门可以通过信息平台随时与项目及企业部门保持沟通，实现以 BIM 为基础的信息共享，充分利用 BIM 数据的一致性、协同性的特点，使得企业各个部门之间的协同变得方便和快捷。

（3）提高劳动生产率

作为信息技术在建筑行业运用的成果，BIM 技术可以大大提升企业的工作效率，提高劳动生产率。通过 BIM 有效地实现信息在各个专业、各个部门间的传递，可以大大提升工作效率，获得更好的工作效果，有助于促进企业劳动生产率的提高。同时，通过运用 BIM 所带来的标准化、工厂化的工程建设模式的变革，也可以充分促进企业劳动生产率的提高。

（4）增强企业核心竞争力

核心竞争力是指能够为企业带来比较竞争优势的资源，以及资源的配置与整合方式。凭借着核心竞争力产生的动力，企业才可能在激烈的市场竞争中脱颖而出。国际国内已经有大量案例充分证明了运用 BIM 较好的企业更容易在市场上取得竞争的优势，其已经成为提升企业核心竞争力的重要因素之一。

2. 实施标准

企业级 BIM 实施的关键是实现企业的资源共享和流程重组。BIM 的实施将会带来企业业务模式的变化和企业业务价值链的重组。因此，建立企业级的 BIM 标准是建立一系列与 BIM 工作模式相适应的技术标准和与之相应的管理标准，并最终形成与之配套的企业 BIM 实施规范。

企业级的 BIM 实施标准是指企业在建筑生产活动的各个过程中基于 BIM 技术所建立的相关资源、业务流程等的定义和规范。建筑企业的企业级 BIM 实施标准，可以概括为以下三个方面的标准。

（1）资源标准

资源指企业在生产过程中所需要的各种生产要素的集合，主要包括：环境资源、人力资源、信息资源、组织资源和资金资源等。在制定 BIM 实施计划时，需要对该过程的相关资源需求及运用制定相应标准，才能保障后续工作顺利地开展。

（2）行为标准

行为主要指企业生产过程中，与企业 BIM 实施相关的过程组织和控制活动，主要包括业务流程、业务活动和业务协同三个方面。通过确定业务流程、业务内容以及协同的模式，可以建立起良好的工作框架。

（3）模型与数据标准

模型与数据标准指企业在生产活动中进行的一切与 BIM 模型相关的各类建模标准、数据标准和交付标准等。

3. 计划内容

计划内容与其他类型的企业计划相类似。企业级的 BIM 实施计划中一般包括行业背景分析、发展趋势分析、企业现状分析、战略目标定位、实施路径选择与实施方案制订等。

4. 实施路径

企业 BIM 实施路径是要结合企业的战略要求和组织架构，在考虑企业现有 BIM 应用基础的水平上，确定一个全面详细的企业 BIM 规划和标准，并建立一个可扩展的 BIM 实施框架，给出具有可操作性的工作步骤和工作内容。一般而言，企业级 BIM 实施的路径有以下两种。

（1）自上而下

自上而下指从企业整体的层面出发，首先建立立足于企业宏观层面的 BIM 战略和组织规划，通过试点项目的 BIM 应用工作来验证企业整体规划的准确性，发现问题，不断补充完善，并在此基础上向企业的所有建设项目推广。

（2）自下而上

这种情况下，一般开始阶段企业自身并没有明确的 BIM 实施规划，而是在建设项目进展过程中为了满足项目要求而开展的 BIM 实践活动。这种模式是企业在积累了一定量 BIM 实施经验，由项目到企业逐步扩展。

需要注意的是，由于 BIM 的实施是一个复杂的过程，采用单一模式往往无法保障企业级 BIM 实施工作的顺利展开，此时可能需要将两种模式结合在一起来进行。但无论如何，制订完整、系统、符合企业特点的企业级 BIM 实施计划，都是必需的。同时，在开展相关工作时，也可以聘请专门的 BIM 咨询机构，为企业提供专业的咨询服务。

9.2.2　项目级 BIM 实施计划

在建设项目 BIM 应用过程中，为了将 BIM 与建设项目的实施流程、实践紧密结合在一起，真正发挥 BIM 的作用，提高实施过程中的效率，建设项目团队需要结合本项目的具体情况制订详细的项目 BIM 实施计划。

【项目级BIM实施计划】

从建设项目全生命周期的角度来看，项目级的 BIM 实施计划时间范围应该涵盖包括决策阶段、设计准备阶段、设计阶段、施工阶段和运维阶段等整个生命周期，涉及建设项目参与的各个单位。一般而言，项目级的 BIM 实施计划应包括以下四个主要部分：实施目标、工作流程、信息交换要求和软硬件方案。

1. 实施目标

在具体的建设项目实践中，实施目标的制订是 BIM 实施计划的首要环节，同时，这也是一个非常困难的过程。确定了 BIM 实施的目标，就可以以其为依据，选择与预期目标相匹配的 BIM 应用点。在项目及 BIM 实施计划中往往需要综合考虑环境、企业和项目等多方面的因素来共同确定。一般情况下 BIM 持续的目标主要包含以下两大类。

① 与建设项目自身有关的目标。包括合理安排工期、提高质量、降低成本、强化现场安全管理等。

② 与企业发展相关的目标。这种情况下是建设项目的参与方根据企业自身的发展要求，结合建设项目情况所确定的目标。如设计方希望以项目为对象，探索并积累数字化设计的经验，为企业未来变革明确方向。

BIM 实施目标必须明确、具体、可测量。一旦确定了实施目标，就可以以其为基础，明确当前项目的 BIM 应用点。表 9-1 是某项目全生命周期 BIM 实施目标与相应的应用点。

表 9-1 某项目全生命周期 BIM 实施目标与相应的应用点

序号	BIM 目标	BIM 应用点
1	控制、审查设计进度	协同设计
2	评估设计变更带来的成本变化	工程量统计、成本分析
3	提高设计效率	设计审查、协同设计
4	绿色设计	能耗分析、节地分析、环境评价
5	施工进度控制	4D 模拟
6	施工方案优化	施工模拟
7	运维管理	建立运维模型

2. 工作流程

工作流程（BIM 实施流程）包括总体流程和详细流程两个部分。总体流程描述整个建设项目所有 BIM 应用之间的顺序以及相应的信息输入、输出情况。详细流程则详细定义每个 BIM 应用中的活动顺序，定义输入与输出的信息模块。

在编制 BIM 总体流程图时需要考虑以下三个问题：根据建设项目的进度合理安排BIM 应用的顺序；定义每个 BIM 应用的责任方；确定每一个 BIM 应用的信息交换模块。

项目团队明确了 BIM 用途后，便可以开始 BIM 应用规划的流程图编制工作。首先需要编制一个表明项目 BIM 基本功能应用排序以及应用之间相互关系的高级层次流程图，如图 9-1 所示，这可以使得项目团队成员清楚地认识到他们的工作流程及与其他团队成员工作流程的联系。

完成高层次流程图之后，应该由负责 BIM 各项详细应用的项目团队成员选择或设计更加详细的流程图。如图 9-2 所示为某项目 4D 进度模拟应用工作流程图。

3. 信息交换要求

BIM 的应用涉及建设项目实施的不同阶段的多个参与单位和多个不同的专业人员，因此，为了能够在实施过程中确保相应的 BIM 应用产生应有的效益，需要制定相应的 BIM 信息交换标准和要求，实现各个 BIM 应用之间信息输出输入的匹配。

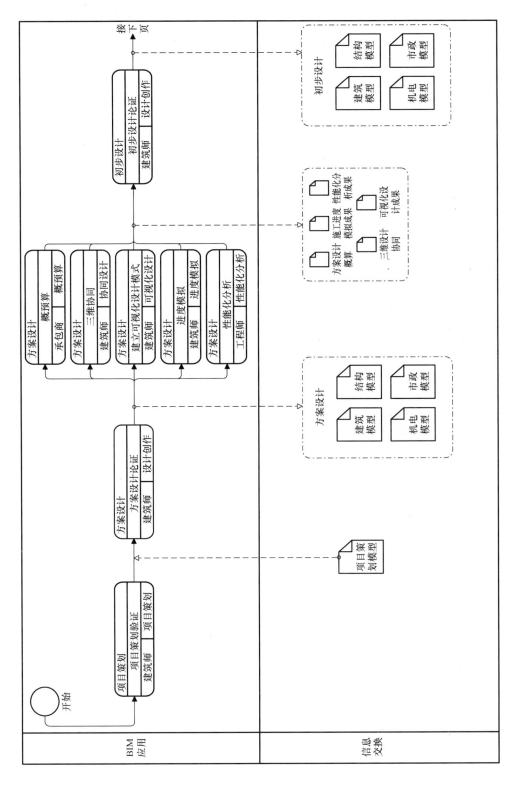

图9-1　BIM应用高级层次流程图

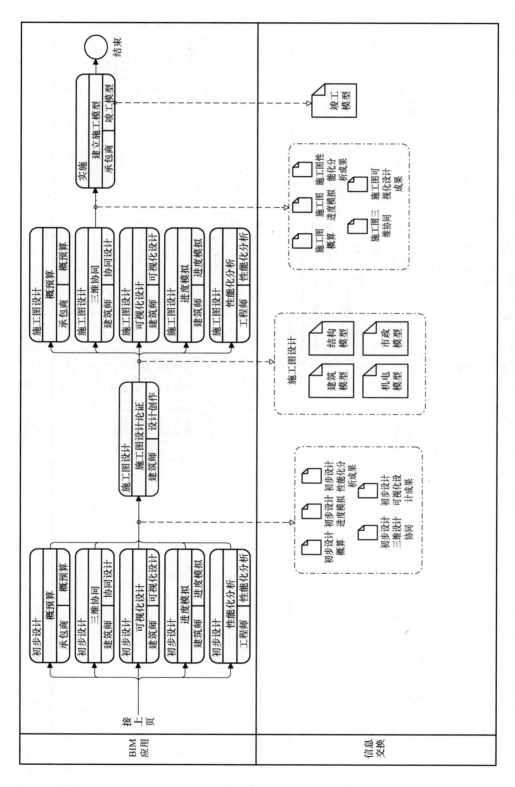

图9-1 BIM应用高级层次流程图（续）

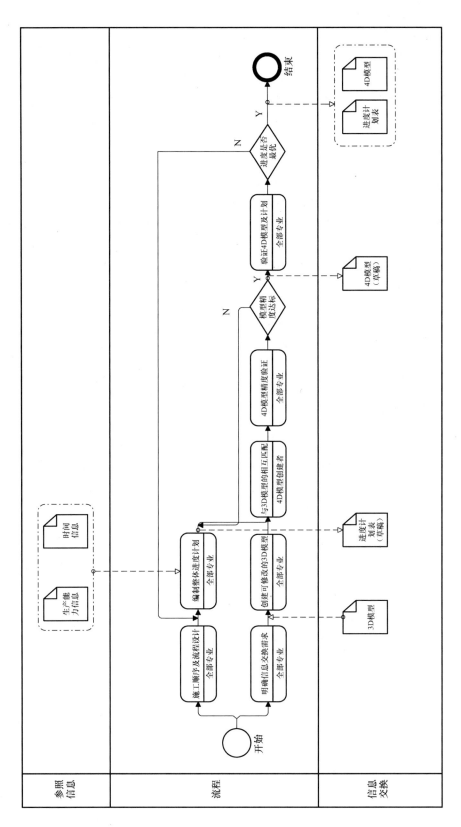

图9-2　某项目4D进度模拟应用工作流程图

为了达到以上的要求需要明确以下四个问题：信息接收方、模型文件类型及组织、建筑元素分类标准、信息详细程度。

其中，信息接收方是需要接收信息，并执行后续 BIM 应用的项目团队或成员。模型文件类型及组织需要列出在 BIM 应用中使用的软件名称及版本号，模型文件的目录结构及模型文件的命名规则，这些内容对于确定 BIM 应用之间的数据互用是非常必要的。建筑元素分类标准主要用于模型元素信息的分类、组织及保存。信息详细程度用于明确模型中所包含的构件细节程度应达到的水平。

这里主要介绍一下信息详细程度。

BIM 模型是整个 BIM 相关工作的基础，所有的 BIM 应用都是在模型的基础上完成的。在项目之初，就需要明确根据相关的 BIM 应用，哪些内容需要建模以及需要详细到何种程度。模型当中包含的细节丰富程度过低，会导致信息量不足，细节度过高又会导致模型的操作效率低下，成本高昂。因此，确定适当的模型信息详细程度对满足 BIM 应用的需求的同时，避免过度建模浪费相应资源，具有重要的意义和作用。

目前我国对 BIM 模型的信息详细程度没有统一的规定。从国际范围来看，较为通用的是采用模型细节程度（Level of Details 或 Level of Development，LOD）。LOD 划分为五个等级，分别为 LOD100 到 LOD500，每个等级具体的应用范围及含义，详见表 9-2。

表 9-2　LOD100-LOD500 适用范围及含义

等级	应用范围	描述
LOD100	方案设计阶段	具备基本形状，粗略尺寸和形状，包括非几何数据、面积、位置等
LOD200	扩初设计阶段	近似几何尺寸，形状及方向，能够反映物体本身大致的几何特性。主要外观尺寸不得变更，细部尺寸可以调整，构件包括几何尺寸、材质、产品信息（如电压、功率）等
LOD300	施工图设计阶段	物体主要组成部分必须在几何上表述准确，能够反映物体的实际外形，保证不会在施工模拟及碰撞检查过程中产生错误判断，构件应包括几何尺寸、材质、产品信息（如电压、功率）等。模型包含信息量与施工图设计完成时的 CAD 图上的信息量一致
LOD400	施工阶段	详细的模型实体，最终确定的模型尺寸，能够根据该模型进行构件的加工制造，构件尺寸除了包括几何尺寸、材质、产品信息外，还应附加模型的施工信息，包括生产、运输、安装方面
LOD500	竣工验收阶段	除了最终确定的模型尺寸外，还应包括其他竣工资料提交时所需的信息，资料应包括工艺设备的技术参数、产品说明书/操作运行手册、保养及维护手册、售后信息等

下面以建筑模型中的门为例，说明各个 LOD 等级的情况，如表 9-3 所示，基本情况如图 9-3 所示。

表 9-3 LOD100-LOD500 门对象的差别

构件	等级				
	LOD100	**LOD200**	**LOD300**	**LOD400**	**LOD500**
门	包含门的物理属性，长度、厚度、高度等	增加材质信息，包含粗略面层的划分	详细的面层信息、材质要求、防火等级，附节点详图	门的生产信息，运输进场信息，安装操作单位信息等	门的五金件及厂商的信息，物业管理信息等

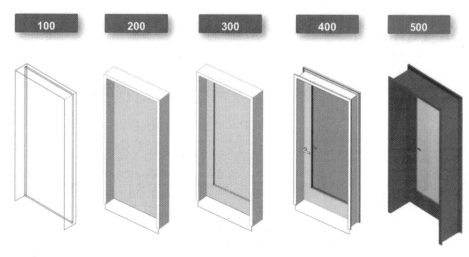

图 9-3 LOD100-LOD500 门的信息丰富程度[①]

4. 软硬件方案

在明确了相关的基本问题之后，需要确定整个 BIM 实施计划所需要的软硬件设置的配置方案。在项目实践中，需要根据项目的 BIM 应用方案及团队的能力，正确选择适当的 BIM 软件解决方案。进而，以软件解决方案为依托，结合 BIM 实施计划，确定项目的硬件采购计划。最后，再根据项目协同的要求，明确网络系统的方案。整个软硬件及网络系统建设的方案，构成了保障 BIM 实施工作顺利开展的基础和必要保障。

9.3 BIM 团队的建设

9.3.1 BIM 相关的工作岗位

从广义的角度来说，从事与 BIM 相关的工程技术与管理工作的人员，可以称为 BIM 工程师。但是，由于作为一种创新性的技术，BIM 对建筑

【BIM岗位及能力要求】

---

① https://www.baunetzwissen.de/imgs/2/2/3/5/7/4/8/6_4_LOD_LOI_2235748-43559108c45790da.jpg

行业的影响是全方位的。一方面，BIM应用渗透到了行业的方方面面，需要建筑行业的全体成员将其作为一项基本的技能，了解其基本理论，掌握与当前工作相关的基本应用技能，特别培养结合BIM解决工程问题的能力。同时，由于应用环境和方式的特殊性，在具体的工作中，BIM工程师往往对应着多种不同的岗位和角色。

业界上对该问题一直给予较大的关注，如表9-4所列出的是国际常见的与BIM相关的职位及其具体工作内容的说明。

表9-4　国际常见的BIM职位及其工作内容

序号	职　位	工　作　内　容
1	BIM经理 （BIM Manager）	对BIM实施和应用的过程进行管理
2	BIM协调人 （BIM Coordinator/Facilitator）	工作不仅仅局限于熟练操作BIM软件，主要工作是在模型信息可视化方面对其他工程师进行帮助和协调
3	BIM分析师 （BIM Analyst）	基于BIM模型进行仿真和分析
4	BIM建模师 （BIM Modeler/Operator）	模型构建及从模型中获得相应的成果
5	BIM咨询师 （BIM Consultant）	在已经采用BIM，但缺乏有经验的实施专家的企业中，指导项目的BIM实施。主要包括战略咨询师、功能咨询师和实施咨询师
6	BIM研究员 （BIM Researcher）	致力于BIM领域相关的技术、制度、理论的研究与开发
7	BIM开发员 （BIM Application/ Software Developer）	BIM系统开发或通过插件等形式，对原有的BIM系统功能进行拓展，实现BIM系统功能的拓展及与其他信息系统的集成
8	BIM专家 （BIM Specialist）	在工程技术和BIM方面具备扎实的理论基础，丰富的实践经验，对行业现状及未来发展具有清晰独到的认识，能引领企业未来BIM的发展方向

按照应用领域划分，也可以将与BIM相关的职位划分为如图9-4所示的体系。

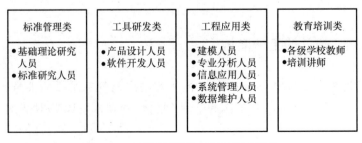

图9-4　按照应用领域划分BIM职位

① 标准管理类：主要指负责 BIM 标准研究及管理工作的人员。

② 工具研发类：主要指负责 BIM 工具的设计开发工作的人员。

③ 工程应用类：主要指应用 BIM 支持和完成建设项目全生命周期过程中各种专业任务的人员，包括建设项目各个参与方的各类工程技术及管理人员及专业的 BIM 应用人员。

④ 教育培训类：主要指各级各类学校的教学人员及社会培训机构的人员。

9.3.2　BIM 工程师的能力素质要求

作为专业技术管理人员，BIM 工程师需要具备与所承担的岗位职责相匹配的能力与素质。

1. BIM 基础理论研究人员

该类人员需要了解国内外 BIM 技术的现状及未来发展方向，在相应的领域开展 BIM 基础理论的研究工作，提出创新性的 BIM 理论。

为了开展这些工作，需要具备扎实的理论基础，掌握相应的研究方法，能运用相关的工具开展研究工作。

2. BIM 标准研究人员

该类人员主要负责收集、整理、消化吸收国内外的 BIM 标准、规范等文件，根据企业实际情况，编制、修订企业 BIM 应用的标准、规范和具有前瞻性的未来发展规划，推动 BIM 标准的宣传工作，检查相关标准规范的执行情况。

为了顺利开展相关工作，需要具备扎实的 BIM 理论基础，文献资料检索能力，良好的文字表达能力及沟通能力。

3. BIM 产品设计人员

该类人员需要掌握国内外 BIM 相关的产品情况，负责相关产品的设计、优化及后期服务工作。

由于从事工作的特殊性，需要其在掌握 BIM 的相关知识的基础上，具备一定的跨专业产品设计及开发能力，如机械、电子、控制等领域的专业背景。

4. BIM 软件开发人员

该类人员负责 BIM 软件的系统设计、系统开发、系统测试及系统维护等相关工作。

为了顺利开展相关工作，需要了解 BIM 的基本知识，具备较强的多种应用场景下的软件开发能力。

5. BIM 建模人员

该类人员主要负责根据需要创建各类 BIM 模型，如场地模型、土建模型、机电模型、钢结构模型、幕墙模型、安全模型等。

为了完成相应的工作，需要具备各类专业的相关知识，具有良好的读图能力，能理解设计人员的意图，熟练运用各类 BIM 软件并了解相关模型后期应用的情况。

6. BIM 专业分析人员

该类人员主要负责运用 BIM 模型，对建设项目的质量、进度、成本、安全等各类专业的指标进行模拟、分析和优化，结合建设项目的实际运行情况，发现其中存在的问题，提出意见和建议，以期高效、优质、低价地实现项目价值。

为了完成相应的工作，需要具备扎实的专业知识和能力，对场地、建筑、景观、空间、日照、通风、能耗、结构、设备、噪声、安全等相关专业知识较为了解，熟悉项目施工过程及管理，熟悉各类 BIM 分析软件及协调软件的使用，了解 BIM 模型创建的情况。

7. BIM 信息应用人员

该类人员主要负责根据 BIM 模型完成各个阶段的信息管理及应用工作，如设计阶段的施工图出图、工程量估算，施工阶段的现场施工管理，运维阶段的物业管理、设备管理及空间管理等工作。

为了完成相应工作，需要熟悉 BIM 在建设项目各个阶段的应用情况，具备运用 BIM 技术解决实际工程问题的能力。

8. BIM 系统管理人员

该类人员主要负责 BIM 应用系统、数据协同系统、存储系统及构件管理系统等的日常维护及管理工作，负责各类系统使用人员的权限规划及管理，负责各建设项目环境资源的准备及维护工作。

为了完成相应工作，需要其具备计算机应用、软件工程、网络安全等领域的相关专业知识和背景，具备一定的系统维护经验。

9. BIM 数据维护人员

该类人员主要负责与 BIM 相关的数据收集、维护及管理工作。包括负责收集整理各个部门、项目的构件资源数据及模型、图纸、文档等项目交付数据；对构件资源数据及项目交付数据进行标准化审核；对构件资源数据进行结构化整理并导入构件库，同时保证数据良好的检索能力；对构件库中构件资源的一致性、时效性进行维护，保证构件资源的可用性；对数据信息进行汇总、提取，实现与其他信息系统的交互。

为了完成相应工作，需要其具备各个相关专业的背景知识，熟悉 BIM 软件的应用，具备良好的计算机应用能力。

10. 各级学校教师及培训机构讲师

教育培训类人员的主要职责是在相应的学校及社会培训机构，对教学培训对象进行 BIM 知识的传授及能力的培养，为社会和企业提供更多合格的 BIM 人才。其中，高等学校教师还承担着进行 BIM 领域的科学研究及教材编写等任务。

为了完成相应工作，需要对 BIM 技术有深入的理解和掌握，具备一定的 BIM 工程经验以及良好的口头表达能力。开展 BIM 领域研究，还需要具备所需要的研究能力。

以上是按照 BIM 应用领域分类所给出的相应岗位职责及所需要的素质和能力。同时，随着 BIM 应用程度的深入，对各层次 BIM 工程师的要求也有所不同。如图 9-5 所示为按照应用程度划分的 BIM 职位体系。

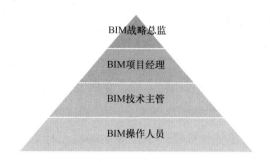

图 9 - 5　按照应用程度划分的 BIM 职位体系

1. BIM 操作人员

该类人员主要负责 BIM 模型的创建及相关信息的添加，按照建设项目需求运用 BIM 模型进行模拟、分析等工作，如绿建分析、结构分析、虚拟漫游、工程量统计等。

为了完成相应工作，需要其具备相关的专业知识，能熟练运用各类 BIM 软件。

2. BIM 技术主管

该类人员主要负责对 BIM 项目在各个实施阶段进行技术指导和监督，负责将 BIM 项目经理安排的各项任务落实到具体的 BIM 操作人员，同时负责协调各个 BIM 操作人员的工作内容。

为了完成相应工作，需要其具备扎实的专业知识和应用能力，具备丰富的 BIM 实施经验，能够解决 BIM 实施中遇到的问题，具备良好的沟通和协调能力。

3. BIM 项目经理

该类人员主要负责对 BIM 项目进行规划、管理和执行，保障 BIM 应用目标的实现。能够运用各方资源，解决 BIM 项目实施中所遇到的问题。参与 BIM 项目决策，制订 BIM 实施计划，确定建设项目实施中所需要的 BIM 标准及规范。设计、督促、协调建立 BIM 项目所需要的软硬件资源及网络环境。对 BIM 工作的成本、进度及质量进行监控和管理。

为了完成相应任务，需要其具备扎实的专业基础和应用能力，具有丰富的建设项目管理经验，掌握 BIM 理论及相关软件的应用，具备管理 BIM 项目实施的经验以及良好的沟通能力。

4. BIM 战略总监

该类人员主要负责企业、部门或专业的 BIM 总体战略规划，包括团队组建、技术路线确定、制订 BIM 实施计划、明确 BIM 应用的效益。负责 BIM 战略与顶层设计、BIM 理念与企业文化的融合、BIM 组织实施机构的构建、BIM 实施方案的比选、BIM 实施流程的优化、企业 BIM 平台的构建以及管理、服务模式的确定等。

为了完成相应工作，需要对 BIM 的理念及价值有深刻的理解，具备一定的企业管理知识和能力，熟悉国内外 BIM 技术发展的情况，掌握协调建设 BIM 实施环境相关要素的知识和能力，如软硬件、网络、团队、合同等。

9.3.3 BIM 实施模式

【BIM实施模式】

BIM 实施过程中，有多种不同的实施模式，如设计主导管理模式、咨询主导管理模式、业主自主管理模式、施工主导管理模式等。

1. 设计主导管理模式

设计主导管理模式是由业主委托设计方进行二维图纸设计，然后协同建筑、结构、MEP 等专业建立 BIM 模型，通过设计阶段应用点的应用，达到优化设计的目的。该模式应用 BIM 模型对设计进行纠错和优化分析，从而提升设计的品质。设计主导模式的 BIM 应用程度较低，BIM 模型中所包含的信息量较少，业主投入的初始成本较低，实施难度较小，但需要设计院具备一定的 BIM 能力。在设计阶段应用 BIM 所带来的效益是隐性的，所以业主不能明显感知到该模式带来的效益。

2. 咨询主导管理模式

咨询主导管理模式是业主委托 BIM 咨询公司，为建设项目的 BIM 应用提供专业化的咨询服务。咨询方将设计方提供的二维图纸翻译成为 BIM 模型，并进行设计阶段所确定的相关应用点的应用工作，然后将结果反馈给设计方进行深化设计。在这之后，咨询方再次修改 BIM 模型，联合施工方工程师进行施工阶段应用点应用，并指导后续的施工。该模式侧重咨询方与设计方和施工方之间的两两协同。在该模式下，业主的受益程度主要取决于咨询方的 BIM 能力。目前，与 BIM 相关的咨询公司越来越多，但因其缺乏改进工作及持续保持业主方立场的动力，使得 BIM 水平参差不齐，普遍缺乏个性化开发的能力。该模式对业主、设计方和施工方的 BIM 能力要求都不高，相关的 BIM 应用全部交给咨询方去完成，但需要业主有很强的识别和选择咨询单位的能力。

3. 业主自主管理模式

该模式也称为设计施工协同模式。实施过程中由业主方主导，业主基于自身的 BIM 目标，对设计方和施工方提出明确的 BIM 要求；设计方建立 BIM 模型并利用设计阶段应用点对设计进行优化，提交给施工方；施工方通过碰撞检查、虚拟施工等施工阶段应用点的应用，将结果反馈给设计方；设计方根据施工方提供的结果，协调各专业修改图纸，以便后续施工。

该模式涉及设计和施工两个阶段：一是设计方各专业之间的协同，二是设计方与施工方之间的协同。业主主导模式的 BIM 应用程度较高，对业主、设计方、施工方三方的 BIM 能力要求也较高。业主方需要对"为什么要应用 BIM"以及"如何用 BIM 带来最大效益"这两个问题有明确的认识，并在与设计方和施工方签订合同时，明确规定了各方在 BIM 中扮演的角色和各阶段的 BIM 交付物。该模式能最大程度给业主带来效益，同时初始成本在这四种模式中也是最高的。

4. 施工主导管理模式

施工主导管理模式是业主委托施工方，根据设计方提供的二维图纸建立 BIM 模型，通过施工阶段应用点的应用将结果反馈给设计方。设计方据此修改图纸,从而更好地指导施工,达到减少返工等目的。该模式在施工阶段应用 BIM 模型,并在发现问题后及时与设计方协同解决。施工管理主导模式对业主 BIM 能力要求不高,但对施工单位有一定的 BIM 能力要求。在施工阶段应用 BIM 能够带来返工减少和工期缩短等显性效益,业主凭借较低的成本就能得到较为明显的收益,因而现阶段 BIM 在施工阶段应用最为广泛。

这四种模式相对而言无所谓好坏,在实施过程中主要是应该根据建设项目的特点、自身 BIM 目标和能力来选择应该应用何种模式来让 BIM 更好地为自己服务。综合对比分析,结合 BIM 实际应用案例总结了四种 BIM 应用模式及适用场景,如表 9-5 所示。

表 9-5 常见 BIM 应用模式及适用场景

BIM 应用模式	适 用 场 景
设计主导 管理模式	(1) 业主尝试应用 BIM,但 BIM 目标不是很明确
	(2) 对声、光等有特殊要求的建设项目
	(3) 建筑外形奇特、功能复杂的建设项目
	(4) 需要评绿色建筑的建设项目
咨询主导 管理模式	(1) 业主自身 BIM 能力一般,BIM 目标明确
	(2) 项目较复杂或需要评绿色建筑的建设项目
	(3) 使用 BIM 的成本低于聘请咨询公司的成本
	(4) 业主能够甄别咨询公司的 BIM 能力
	(5) 业主不具备 BIM 能力但实际项目很复杂,传统方式很难解决问题的建设项目
业主自主 管理模式	(1) 业主自身 BIM 能力很强,BIM 目标明确
	(2) 项目复杂或者需要评绿色建筑的建设项目
	(3) 使用 BIM 能够为业主减少成本、减少返工、控制质量
	(4) 业主注重 BIM 能力建设,为后续建设项目做准备
施工主导 管理模式	(1) 管线复杂、施工难度大的建设项目
	(2) 对工期、成本、质量等要求很高的建设项目
	(3) 需要评绿色施工的建设项目
	(4) 施工工艺复杂,需提前模拟施工的建设项目
	(5) 业主急于看到 BIM 成效又不愿花费过多成本的建设项目

9.3.4 企业与项目 BIM 组织架构

BIM 实施的过程中,不论采用哪种模式都需要建立起高效的 BIM 团队,在团队中配备各个专业的相关技术、管理人员,专门负责与 BIM 实施有关的工作。下面从施工企业的角度出发分析 BIM 团队建设的相关情况。

施工企业在 BIM 的推广应用过程中,应根据本企业的 BIM 实施计

【BIM组织架构】

划，进行 BIM 团队建设。首先应根据企业自身特点及机构设置情况，组建本企业的 BIM 中心（或工作室），以统筹规划本企业 BIM 实施的相关工作，制定 BIM 推广应用的政策、指南及技术标准，为具体建设项目的 BIM 应用提供支持和辅助，从事 BIM 技术管理工作，为本企业的 BIM 技术发展提供人才储备，负责本企业的 BIM 研发工作。图 9-6 为某企业 BIM 中心组织架构。对于有分公司的企业，可以设立分公司的 BIM 部门。分公司 BIM 部门统筹分公司 BIM 工作，承上启下，向下收集数据，分解、提炼、汇总后上报公司 BIM 部门，此时整个企业各级 BIM 组织架构如图 9-7 所示。需要注意的是，由于 BIM 中心是一个新生的职能部门，需要妥善处理与企业内部工程部、预算成本部、项目管理部等传统职能部门以及各个项目部等的工作对接问题，才能充分发挥其作用。

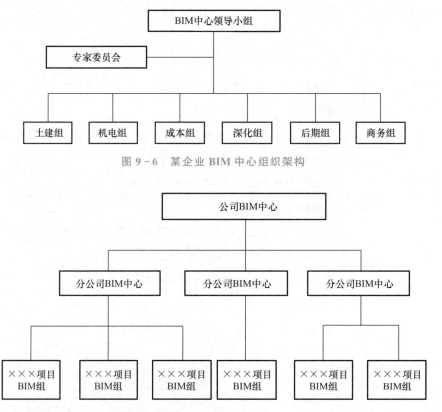

图 9-6　某企业 BIM 中心组织架构

图 9-7　某企业各级 BIM 组织架构

为了将 BIM 应用落到实处，还需要在相应的建设项目中成立项目级的 BIM 团队。团队中设置 BIM 经理、BIM 建模师、BIM 分析师等职位，在项目经理的领导及企业 BIM 中心的指导、支持下，负责本项目的 BIM 应用工作。如图 9-8 所示为某项目 BIM 团队组织架构及职责，此种类型是较为常见的项目级 BIM 团队组织架构。在这个团队中，BIM 经理往往起着比较关键的作用，他既要对当前的项目情况有着充分的了解和掌握，同时又应熟悉BIM，对各个专业的应用有一定程度的了解，另外，还需要他具有很强的组织、协调能力。

BIM 团队的建设是一个动态变化的过程，其也要随着企业及建设项目的情况变化而不断进行调整。如上述的建设项目 BIM 团队较为适合于 BIM 应用的初期，这种模式的优势是团队优势集中，BIM 能力可以得到有效运用，能及时解决工程中遇到的问题。缺点在于

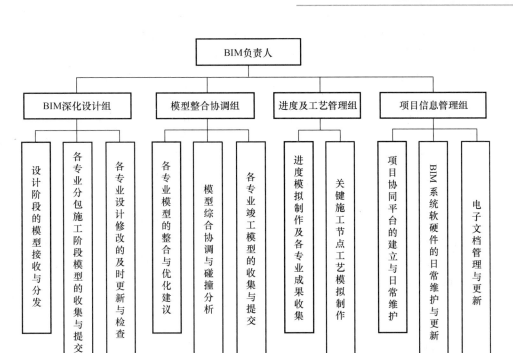

图 9 - 8 某项目 BIM 团队组织架构及职责

BIM 的应用更多集中在一个较小的范围内，由于缺乏沟通，难以及时反映工程实际情况，BIM 的应用状况依赖于 BIM 经理的个人能力和水平，可能会使 BIM 技术应用流于形式，同时，对 BIM 团队人员的成长也不利。

从未来发展的角度看，当 BIM 技术发展和应用到一定程度时，施工企业已经具备了充足数量的 BIM 技术人才，同时，传统技术、管理人员也在一定程度上充分掌握的 BIM 技术，在这种情况下，可以考虑取消项目级 BIM 团队的设置，将具备 BIM 技能人员分散到各个部门中，将 BIM 技术作为一种基础性工具来支持日常工作。此时，技术人员能主动地应用 BIM 技术解决相应工程问题，这将大大提高 BIM 技术在工程管理中的应用深度和广度，充分发挥其技术优势。

9.4 BIM 应用中的合同管理

9.4.1 美国的 BIM 合同体系状况

在工程建设项目中，完善合同既可预防和规避建设过程中风险的产生，又是保证建设项目顺利实施的前提和保障。BIM 的发展和应用所产生的影响力越来越大，效果日趋明显，但是，BIM 的应用不是一个简单的技术问题，其改变了传统的建筑行业内各专业的工作和协同方式，在一定程度上重组了传统建筑业的业务流程，使得各方的利益关系发生了改变，这就导致了BIM 的应用过程中存在着较大的风险。

【BIM应用中的
合同管理】

对于该问题最早给予关注的是美国的相关机构。为了解决妨碍 BIM 应用的各方面问题，更加有效地促进 BIM 的发展和应用，2008 年美国出现了两个标准合同文件：美国的建筑师协会（American Institute of Architects，AIA）提出的《AIA E202 - 2008 - Building Information Protocol Exhibit》（建筑信息模型协议增编，以下简称 E202）；Consensus DOC Consortium 所提出的《Consensus DOC™ 301-Building Information Modeling Addendum》（建筑信息模型附录，以下简称 CD301）。这两个合同文件针对 BIM 的应用进行了相应的规范，得到了业界的广泛认同，取得了良好的效果。

AIA E202 是 2008 年 10 月制定完成的。AIA 出版的系列合同文件在美国建筑业界及国际工程承包界，特别在美洲地区具有较高的权威性，应用广泛。AIA 系列合同文件分为 A、B、C、D、E、G 等系列，其中 E 系列文件主要用于数字化的实践活动。E202 不是一个独立的合同文本，而是作为合同的附录用以补充现有的设计、施工合同文件中所存在的与 BIM 相关的方面规定缺乏的不足，并且特别规定，如果该附录的内容和所附属的合同有不一致的地方，该附录具有优先解释权。另外，E202 主要作用是建立一个框架，即合同应该包括哪些内容，至于具体内容则应视不同的建设项目而定。E202 合同内容一共有四部分——基本规定、协议、模型的发展程度和模型元素表。其中，第一部分主要规定了该附录订立的原则以及相关词汇的定义，后面三个部分则是该附录的主体框架。Consensus DOC™ 301 条款的制定机构为 ConsensusDocs。该组织是包括美国总承包商协会（AGC）等在内的 23 个企业、协会组成的一个联盟，其中美国总承包商协会是该联盟的领导者。虽然 CD301 主要由 AGC 的 BIM 论坛负责起草，其中包含建筑师、结构工程师、业主、供货商、承包商、分包商、NBIMS 工作小组成员和律师等各方的代表，因而，其也可以适用于建设项目全生命周期。CD301 共有六个部分：基本原则、定义、信息管理、BIM 实施计划、风险管理和知识产权问题。

以上两个合同文件的提出促进了 BIM 技术的合同管理体系的发展，为以后的发展起到了巨大的推动作用。虽然这两个文件存在着较大的差别，但是以下三点共同特点是特别值得关注和借鉴的。

① 合同形式。无论是 E202 还是 CD301 都不能作为一个独立存在的文本，也不能代替某些现存的合同文本。相反，两者的目的都是为了补充现有的设计和施工合同。CD301 和 E202 都规定如果该文件和其附属的合同之间有不一致之处，该文件具有优先解释权。两个文件所提出的都是一个合同框架，其他的内容都需要根据建设项目的情况再行确定。

② 适用范围。以上两个文件都是针对在建设项目全生命周期中应用 BIM 时所产生的需求。

③ 基本原则。虽然在具体的内容和处理方式上存在着较大的差异，但是，这两个文件有一个共同点就是其制定的基本理念是在应用 BIM 过程中尽量维持建设项目所形成的原有的法律关系、风险和利益分配格局。

9.4.2　对我国 BIM 合同体系的思考

我国的合同文本是依托住房和城乡建设部及国家市场监督管理总局联合颁布的具有法律效应的规范性文件。现使用的合同文本有《建设工程施工合同（示范文本）》《建设工程设计合同示范文本》《建设工程勘察合同（示范文本）》等。合同示范文本极大地推动建设工程合同制度的管理，也加强了建筑工程法律和建筑文本的衔接，更确保了合同的适用性。但是，目前我国与 BIM 应用相适应的全国性建筑合同体系尚处于空白。同时，我国现有的法律法规及现阶段使用的合同范本缺乏对协同设计及电子信息的系统化管理，造成信息收集非常困难，维护难以实现有效协同，建设项目管理效率仍然较低。

2015 年，上海市 BIM 技术应用推广联席会议办公室组织编制了《上海市建筑信息模型技术应用咨询服务招标示范文本（2015 版）》和《上海市建筑信息模型技术应用咨询服务合同示范文本（2015 版）》两个文件，对该市 BIM 技术应用咨询服务活动进行规范，在这个方面进行了有益的尝试。

通过对国际 BIM 合同体系的研究，并结合我国的现实情况，可以得到以下几点启示。

① 必须重视 BIM 应用中的合同问题。近年来 BIM 的应用越来越广泛，其取得的效益也是非常明显。但是，相关的研究成果已经充分表明，一方面，BIM 作为一种新技术存在一定的风险；另一方面，BIM 在一定程度上改变了传统的建筑业的业务流和信息流，导致了建设项目各个参与方的利益重组，其可能会带来更大的风险。在建设工程项目中，完善的合同是预防和规避风险，保证项目顺利实施的前提和保障。但是，目前我国与 BIM 应用相适应的建设工程合同体系尚处于空白，同时，现有的法律法规及合同范本缺乏对协同设计及电子信息管理的相关规定，造成信息收集的重复性，并且各参与方的信息版本、更新、维护均难以实现有效协同，项目管理效率较低。这一问题必须引起有关部门的高度重视，及时加以解决，才能保障 BIM 真正发挥出效能。

② BIM 应用合同的模式以附件式合同为宜。从形式上看，E202 和 CD301 合同条款都不是独立的合同文件，而是以附录和增编的方式出现，同时也对主合同和 BIM 条款之间存在冲突时如何解决进行了规范。这种方式一方面在保持原有的合同关系不发生重大变更的同时，又能保证 BIM 应用的需要，对我国制定与 BIM 应用有关的工程合同体系是很好的借鉴。

长期以来，我国形成了具有中国特色的工程合同体系，特别是 2010 年以后，住房和城乡建设部联合相关部门发布了多个适合于不同建设项目管理模式的建设工程合同。在这些合同文件中目前对与 BIM 有关的问题未有涉及。建设行政主管部门和行业协会等机构如果能制定专门针对 BIM 应用的合同条款，以附件方式作为对现有合同条款的补充，明确规定各方在 BIM 应用中的权利和义务，可以实现在最大限度地保证各版本工程合同条件的稳定性和连续性的基础上，有效应对在 BIM 应用中产生的问题。

③ 注重形成完整配套的系列合同文件。仔细分析 AIA 和 Consensus 的合同体系可以发现，其都包含了一系列完整的与数字化电子信息管理相关的合同文件（如 AIA 的 E 系列合同文件和 ConsensusDocs 200.2-Electronic Communications Protocol Addendum 等），而这些合同所规范的电子信息交互和管理的问题是和 BIM 密切相关的。要使 BIM 充分地发挥出效能，需要以咨询、设计、施工合同为主体，包含采购、分包等合同在内的完整体系对工程建设项目电子信息的使用、交付及管理等做出规定，使电子文档数据成为可以利用的资源，实现数据资源的信息化，信息资源的知识化。而在目前我国的工程合同体系当中，对该问题还未给予考虑，这是在制定我国 BIM 合同文件体系中应注意的问题。

④ 统筹兼顾，体现中国特色需求。长期以来，我国的工程建设领域已经形成了一套适合我国特点的管理体系，在制定符合我国需要的 BIM 应用合同文件的过程中必须要考

虑到我国的具体现实情况，以增强合同内容的适用性。如在 E202 条款中包含的模型元素表对在建设项目各个阶段各种类型的模型元素的发展程度（LOD）做出了详细的规定，这对确定 BIM 的应用深度及各方责任可以发挥巨大的作用。但是，这个表格中的模型元素是根据 UniFormat 分类系统进行划分的，这个分类系统是美国建筑规范学会（CSI）提出的，而这个体系与我国工程建设中的实际存在较大差别，需要根据我国的情况进行调整。

9.5　BIM 实施案例

9.5.1　腾讯北京总部大楼施工综合 BIM 应用

【腾讯北京总部BIM
施工综合应用】

腾讯北京总部大楼是目前亚洲最大的单体建筑之一，坐落于北京中关村软件园二期西北旺路东南交界处，是集科研设计、办公、地下车库及配套设施为一体的综合性建筑。项目占地面积 77525m²，总建筑面积 334386m²，其中，地上建筑面积 158640m²，地下建筑面积 175746m²。项目结构形式为"钢筋混凝土框架＋剪力墙＋钢结构"，主楼地下 3 层，

地上 7 层，高 36.32m；副楼地下 2 层，地上 1 层，高 18.22m，项目效果如图 9-9 所示。

（a）外部效果图

（b）内部效果图

图 9-9　腾讯北京总部大楼效果图[①]

---

① http://www.ruanwenkezhan.com/a/2060.shtml

该项目主要面临的施工难题如下。

① 超大体积混凝土筏板。

该项目基础筏板面积为 58000m²，厚度为分别为 2.5m/2.3m/1.6m，总方量达 13 万 m³，共划分为九个施工段进行浇筑，单次最大浇筑方量为 2.7 万 m³，施工组织难度大。

② 超大面积高支模。

项目高支模面积达 25000m²，其中最大支设高度达 17.3m，最大板厚为 500mm，这也是施工安全管控的重点和难点。

③ 外围巨型钢桁架超大悬挑。

项目外围巨型钢桁架悬挑达 81m，悬挑部位多，节点连接复杂，构件尺寸、重量大，安装难度大。

为了保证项目 BIM 应用工作的顺利开展，项目参与方经过多方论证，确定了项目的 BIM 应用目标如下。

① 项目策划阶段，集成进度、成本、资源等信息，实现多维虚拟施工与优化，提升策划可行性。

② 深化设计阶段，集成单专业深化设计与多专业设计协调，减少设计变更与返工，实现资源节约。

③ 施工管理阶段，应用模型信息集成应用平台，支撑项目总承包管理，实现多专业、多参与方的协同工作，发挥 BIM 项目建造中的巨大优势。

④ 运营维护阶段，集成 BIM 与物业运维管理系统，实现数字大厦集成交付。

【腾讯北京总部BIM机电安装应用】

根据以上的 BIM 应用目标，项目制定各专业 BIM 模型命名规则、建模细度、配色方案等建模标准，并根据建模标准结合进度，创建全专业的施工图模型、深化设计模型、施工应用模型及竣工交付模型。

其各个专业建模的模型细度如表 9-6 所示。

表 9-6　项目各专业建模细度要求

序号	BIM 模型	项目 BIM 的 LOD 要求
1	主体混凝土结构	LOD 300
2	钢结构	LOD 400
3	幕墙	LOD 500
4	机电安装（电气、给排水、暖通）	LOD 500
5	精装修	LOD 400
6	消防	LOD 500
7	弱电	LOD 500
8	电梯	LOD 500
9	园林景观	LOD 400

同时，确定了项目的 BIM 交付成果的形式与内容。

该项目 BIM 交付成果包括应用过程成果及最终成果。其中，BIM 应用过程成果包括：

提交各阶段 BIM 模型以及相关资料成果，包括深化图纸（如钢结构深化加工图），复杂节点模型、三维大样图，施工方案模拟资料（包括方案模型，方案模拟演示动画或视频等）。对于各专业内、不同专业间的碰撞检查，提交检查报告，优化建议。对于设计变更，提交变更模型，变更前后对比资料及相关信息。

BIM 应用最终成果包括：收集整理并整合各专业 BIM 模型，形成项目竣工 BIM 模型，交付业主。竣工 BIM 模型包括产品、构件、材料以及建造信息、产品信息，如专业分包各设备规格、型号、生产厂家、生产日期、相关设备参数等；构件信息如主体梁、板、柱等的几何尺寸、混凝土标号、工程量等；材料信息，如规格、型号等；建造信息如施工流水段划分情况、建造日期等信息。

为了达到以上的目标，项目确定了如下的 BIM 实施方案。

① 项目设置 BIM 管理部，统一制定人员职责、建模标准、培训计划等工作制度，保证各分包在统一架构下进行 BIM 工作。

② 各分包单位进场前进行 BIM 管理体系学习，制订本专业 BIM 应用计划，并经总包单位审核；进场后各 BIM 小组按照项目统一的建模规则建立 BIM 模型。

③ 总包单位整合分包单位模型，并将进度、技术参数、商务等信息与模型相互关联，定期进行 BIM 模型检查及应用总结会议，分包单位根据审查意见进行 BIM 工作计划修订并实施，直至竣工模型交付。

为了相关工作的顺利开展，项目建立了如图 9 - 10 所示的 BIM 组织架构。该项目设置 BIM 管理部，下设由 10 人组成的多专业 BIM 小组，总包单位各部门配置 BIM 专员，并将专业分包的 BIM 小组纳入总包的 BIM 管理体系，形成了涵盖所有部门、分包的 BIM 组织管理架构。BIM 管理部统一制定各项管理制度，如 BIM 例会制度、分包管理制度等，并负责具体的实施和检查，以保证 BIM 管理目标一致、标准统一、职责明确、任务清晰。整个项目的 BIM 应用工作流程如图 9 - 11 所示。

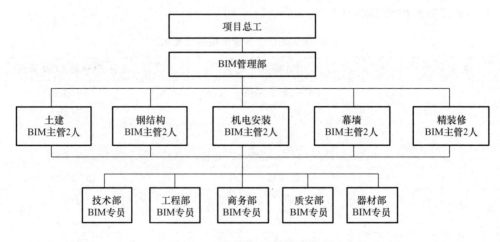

图 9 - 10　项目 BIM 组织架构图

根据具体情况，项目购置了相应的硬件设备及配套软件，形成了 BIM 应用的基础环境。其基本软件应用方案如表 9 - 7 所示。

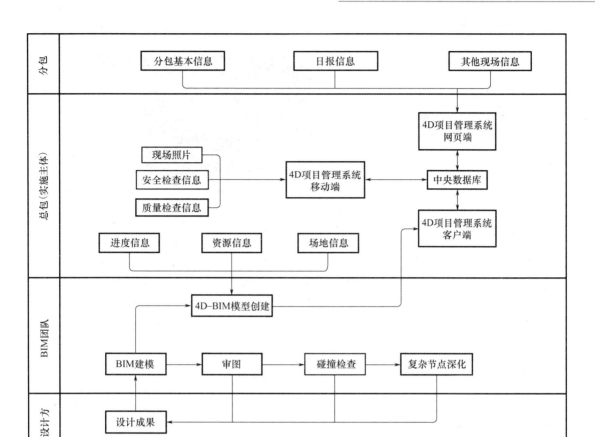

图 9 - 11 项目 BIM 应用工作流程图

表 9 - 7 项目软件应用方案

软 件	应 用 范 围
Revit	主要进行本工程建模、复杂节点深化
Navisworks Manage	主要进行碰撞检查、施工模拟、进度模拟、模型整合、漫游动画等
Tekla Structure	主要进行本工程钢结构建模、深化设计
3ds MAX	主要进行动画制作
BIM - QR 系统	辅助钢结构原料采购、构件生产、构件运输、现场安装、质量验收等全过程管理
4D - BIM 施工管理系统	4D - BIM 主要进行 4D 进度模拟与分析、资源管理、文档管理等

该项目的 BIM 应用点主要集中在以下几个方面。

① 基于 4D - BIM 总包综合管理。

该项目建立了多参与方、多终端的综合管理模式，分别针对总包及分包的不同情况，分别采用客户端、网页端及移动端等不同的工具，完成 BIM 实施方案中所规定的任务，有效地实现了进度计划与模型关联、进度信息填报、进度模拟、进度分析、进度预警及纠偏、商务管理、质量安全管理、公共资源管理、资料管理等任务。项目多参与方、多终端综合管理系统如图9-12所示。

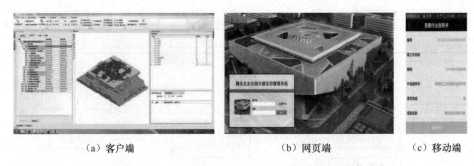

(a) 客户端　　　　　　　　(b) 网页端　　　　　　　　(c) 移动端

图9-12　项目多参与方、多终端综合管理系统

② 基于动态二维码的综合信息管理。

项目采用BIM-QR系统（图9-13），以动态二维码为纽带，由BIM模型、后台服务器和移动终端组成的综合系统，通过系统将BIM模型中的信息上传至服务器，然后根据需求从服务器中提取、统计、分析和管理相关信息，为钢结构项目在原料采购、构件生产、构件运输现场安装、质量验收等过程中提供一个便于管理的综合信息平台。

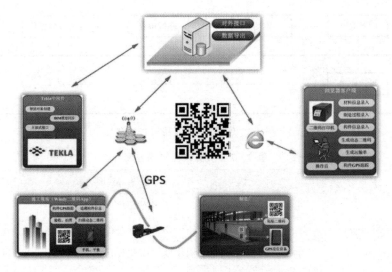

图9-13　BIM-QR系统

③ 基于BIM的施工管理。

在技术管理方面，在建模过程中，随时发现并记录图纸问题，并以BIM模型为媒介进行图纸会审和优化，减少后续变更。通过碰撞检查快速发现各个专业之间存在的碰撞问题，提高机电设备及钢结构的深化设计工作效率，如图9-14所示。通过对施工场地进行三维布置，模拟各阶段的平面布置情况，为平面动态管理提供技术参考。同时对大悬挑钢结构安装等施工关键部位进行可视化模拟、分析及施工验算，论证方案可行性，将施工工序模型化、动漫化，进行直观形象的交底，如图9-15所示。

在质量管理方面，将样板引路与BIM相结合，建立BIM质量样板模型（图9-16），赋予工艺标准、规范要求、质量检验标准等信息，形成动态质量样板，直观地展现重要样板

（a）二次结构深化设计　　　（b）屋面排砖深化设计　　　（c）机电管线深化设计

（d）大悬挑钢结构深化设计　　　（e）钢结构深化设计　　　（f）机房深化设计

图 9-14　深化设计[①]

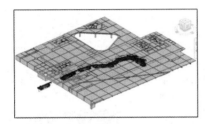 

（a）汽车吊行走路线施工模拟

（b）高支模施工模拟　　　　　（c）大悬挑钢结构施工模拟

图 9-15　施工工艺模拟

的工序步骤及要求，提高交底质量。

　　运用三维激光扫描技术，快速构建三维点云模型（图 9-17），通过与 BIM 模型对比，在模型中显示实体偏差，输出实测实量数据，保证数据的真实客观，提高质量检测效率。运用智能化施工设备，实现基于 BIM 的智能化施工放样（图 9-18）。

　　在安全管理方面，主要包括对 BIM 模型中临边洞口等危险源及防护要求进行识别和标识，利用 BIM 建模技术快速建立防护体系，通过第三人漫游等方式进行论证，结合施工进度，通过模型自动统计不同阶段安全防护设施需用计划，安全人员手持移动终端对危险源逐一检查和标注，保证对危险源的全面控制，如图 9-19 所示。

───────────────

① http://www.chinabimax.com/a/BIMfuwu/BIManli/2016/1226/20.html

（a）BIM动态样板　　　　　　　　（b）BIM动态样板学习

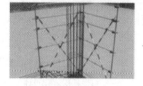  

（c）圆柱钢筋动态样板　　　（d）圆柱模板动态样板　　　（e）圆柱混凝土动态样板

图 9-16　BIM 质量样板模型

钢构件进行预拼装检查　　　　基坑边坡进行变形监测　　　　实测实量

图 9-17　三维激光扫描

在商务管理方面，将算量软件的结果与 Revit 明细表的工程量对比，进行数据核查。对于工程变更，建立变更前后的 BIM 模型，赋予其相关技术参数，分别统计变更前、变更后的工程量的变化，添加综合单价等商务信息，可有效辅助现场商务管理，如图 9-20 所示。

通过以上的工作，该项目实现的 BIM 应用效益如表 9-8 所示。

表 9-8　项目 BIM 应用效益

应用内容	应用效果
模型创建及碰撞检查	提前发现设计及施工中可能遇到的问题，提前沟通解决，避免返工造成的资源浪费，节省工期
基于 BIM 的深化设计	通过节点优化，节省了钢材及钢筋用量，便于现场施工，提高现场工效
施工模拟	优化施工组织、减少资源投入、节省工期

续表

应用内容	应用效果
BIM 动态样板	相比实体样板节省用地、减少了建筑垃圾的产生，符合绿色施工要求。施工工序及质量控制点实时动态展示，直观易懂，避免返工
基于 BIM 的施工放样	减少测量放样人员，提高放样效率及精度，减少测量放样成本至少 50%
BIM - QR 系统应用	减轻项目管理人员的工作量，大幅提高管理效益。提供构件信息和追溯构件的管理信息链条方便整个施工过程管理，为后期运营维护提供便利
4D - BIM 系统应用	实现信息快速、准确共享，提高决策效率。提高项目精细化管理水平，降低管理成本，节省工期

1. 显示目标点方位

2. 移动棱镜

3. 实时显示棱镜位置、移动方向和距离

4. 放样点确定，现场标记

基于BIM的智能施工放样

软件著作权

成果鉴定证书

图 9 - 18　基于 BIM 的智能化放样施工

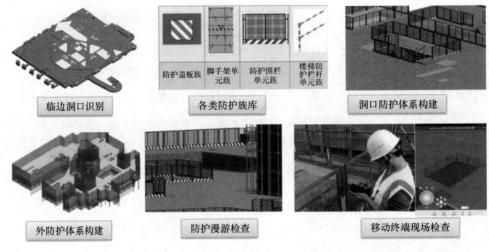

图 9 – 19 安全管理工作内容

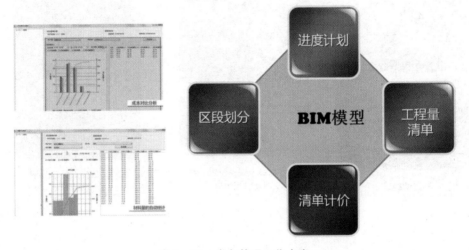

图 9 – 20 商务管理工作内容

9.5.2 BIM 在 "中国尊" 大厦项目中的应用及管理

【BIM技术如何用于 "中国尊" 项目】

"中国尊"大厦位于北京市朝阳区东三环北京商务中心区（CBD）核心区 Z15 地块，建筑面积约 43.7 万 m²，其中，地上约 35 万 m²，地下约 8.7 万 m²。主要建筑功能为办公、观光和商业。该塔楼地上 108 层，地下 7 层（局部设夹层），建筑高度 528m，外轮廓尺寸从底部的 78m×78m 向上逐渐收紧至 54m×54m，再向上逐渐放大至顶部的 59m×59m，似中国古代酒器"樽"而得名，建筑效果图如图 9 – 21 所示。

由于该项目造型独特、结构复杂、系统繁多（系统划分见图 9 – 22），因此，各专业深化设计任务重、难点多，专业间协调要求高。同时，项目参建单位众多，组织管理复杂（项目组织架构如图 9 – 23 所示）。因此，在项目建设之初，业主方中信和业便确定将 BIM

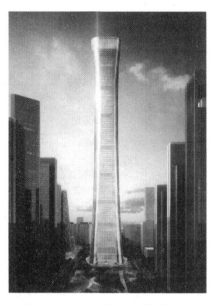

图 9-21　"中国尊"大厦效果图

技术的全过程应用作为保障项目顺利实施并实现最大化项目价值
的保障。

【业主视角下的
"中国尊"项目BIM应用】

2011 年 11 月，业主方组织召开了第一次"中国尊"项目
BIM 技术应用启动会，确定了项目 BIM 应用的基调。2011 年年
底至 2012 年年初，业主方组织了 10 多次 BIM 技术应用研讨会及
实践考察活动。同时，在咨询国内外 BIM 领域专家意见的基础上，确定了"中国尊"项
目的 BIM 应用目标及基本原则。

"中国尊"项目的 BIM 应用基本目标如下。

① 加快建设进度，缩短工期，降低成本，为大厦的运维提供基础数据。

② 项目建设过程中，BIM 应用的深度、广度及系统性达到国际先进水平。

为了达到以上目标，确定项目 BIM 应用的基本原则如下。

① 整体策划，分步实施。将项目的 BIM 应用统筹规划，按照项目进度分步骤实施。

② 遵循标准，规范流程。建立项目统一的 BIM 标准及实施流程，规范各方面应用。

③ BIM 同步，应用延续。尊重现实，最大限度实现二维、三维的统一。

④ 业主推进，商务支持。业主方为 BIM 的应用提供相应的支持。

作为对项目全过程 BIM 应用中各参建方工作的指导，业主方组织编制了《"中国尊"
BIM 实施导则》，并根据项目中的实际情况，进行了多次的版本更新和修订。其第五版导
则的内容如图 9-24 所示，各个版本间的内容演化如图 9-25 所示。

作为一个超大型、超复杂的项目，"中国尊"设计阶段由北京市建筑设计院有限公司
（BIAD）作为总体设计单位，负责 BIM 模型的整体制作与维护。在建筑设计方面，聘请
了 Kohn Pedersen Fox Associates PC（KPF）作为建筑设计顾问；结构设计方面，聘请
Ove Arup & Partners Hong Kong Ltd.（ARUP）作为结构顾问；聘请了 Parsons Brinck-
erhoff（Asia）Ltd.（PB）作为机电顾问；聘请了中信建筑设计研究总院有限公司作为专

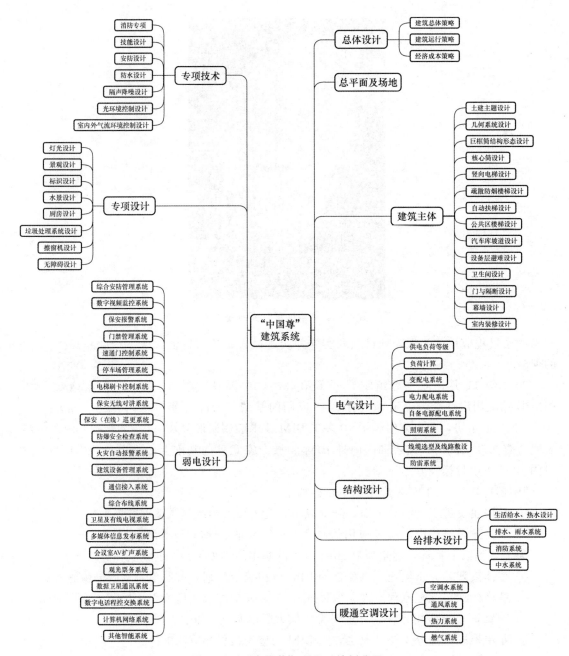

图 9-22 "中国尊"项目系统划分图

项顾问。此外，还聘请了国际一流的幕墙、照明、交通、景观等相关专业设计顾问公司，共同保证该项目的高端品质。

在总体设计单位的协调下，主要开展了如下的工作。

① 建立基于协同设计模式的 BIM 系统标准。

除了由业主方所主导编制的相关文件外，针对设计期间的需要，还编制了《"中国尊"项目设计编码手册》《"中国尊"建筑系统体系》《"中国尊"协同设计手册》等文件，作为设计期间 BIM 工作的标准依据。在此基础上，会同施工顾问共同制定了《"中国尊"管线

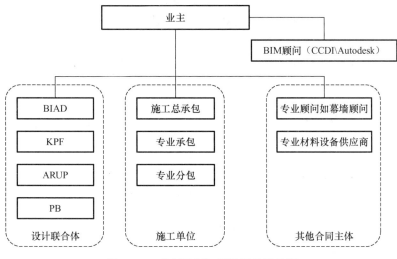

图 9 - 23 "中国尊"项目组织架构图

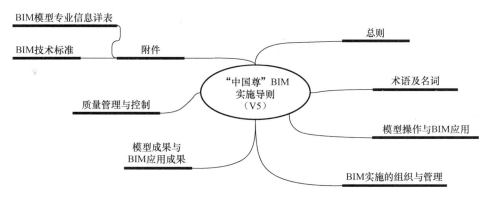

图 9 - 24 "中国尊"BIM 实施导则第五版内容

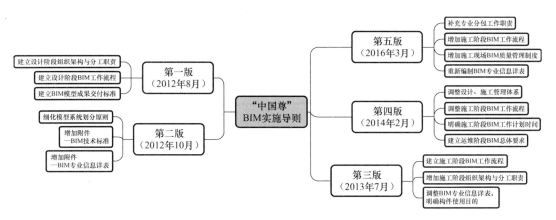

图 9 - 25 "中国尊"BIM 实施导则内容的演化

综合空间排布原则》，作为 BIM 工作的具体实施标准。

　　② 配备完善的项目管理人员。

　　由于项目 BIM 工作涉及专业众多，对 BIM 工作设立了单独的岗位，包括 BIM 总负责人、BIM 协调员、BIM 平台管理员、专业 BIM 负责人等，每个岗位由专人或兼职人员构成。同时，设计专业负责人同样也是 BIM 模型的专业负责人。

③ 满足设计需求的多种软件组合。

在软件层面，如此超大规模的项目必然会用到多种软件，软件的成熟度、软件之间数据的交互性、软件形成数据的适应管理都是需要考虑的问题。因此，在"中国尊"BIM 设计前期为不同专业、不同工作确定了各专业多软件协同工作的软件工作流及交换接口格式，同时为了 BIM 模型的多场景应用，确定了不同场景下模型的轻量化格式。项目主要 BIM 软件方案如图 9-26 所示。

图 9-26　项目主要 BIM 软件方案

为实现数据的顺利流转，项目基于 Bentley 公司的 ProjectWise 建立了项目协同平台（图 9-27），作为项目参与方成果提交、资料下载、协同工作的平台，平台间每 12 小时同步传输一次，特殊文件夹（如深化设计图及深化设计图审核等）则每 4 小时同步传输一次，按时完成多地资料传输工作，实现与北京、上海、纽约等多地的资料传输。其基于 ProjectWise 平台的协同工作方式，如图 9-28 所示。

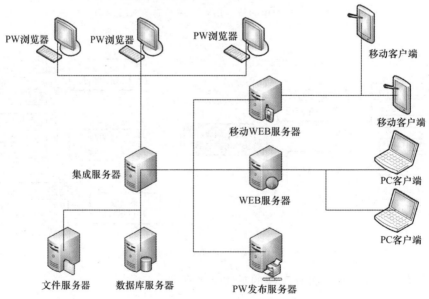

图 9-27　ProjectWise 协同平台架构图

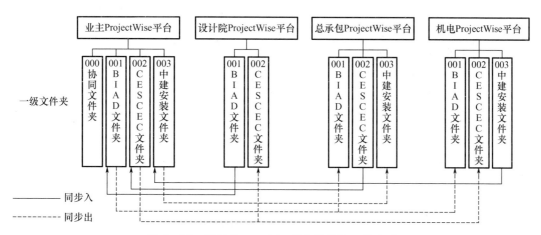

图 9 - 28 基于 ProjectWise 平台的协同工作方式

通过这一系统,实现了以下功能。

① 完善的用户授权管理机制。文件资料管理中,可以对文件夹、文档分别授权,并有权限限制选项,可以实现用户分组管理。

② 有效解决远程异地协作问题。可使用客户端及浏览器两种方式登录平台,参与方提交成果更方便,还可选择"增量传输功能",提高传输速度。

③ 对内容信息快速查询。因为项目资料多、信息量大,设置完善高效的查询功能可以提高使用效率。

④ 对 BIM 模型的在线浏览。针对 BIM 模型可进行轻量化在线浏览,并可对模型进行测量、批注等管理。

⑤ 过程日志记录。管理员端后台程序对每个使用操作进行记录,安全监督平台用户使用情况,保证数据安全。

项目所确定的设计阶段 BIM 工作流程如图 9 - 29 所示。

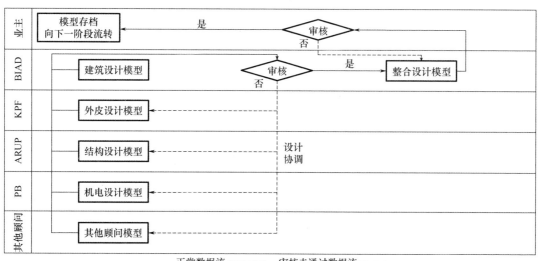

图 9 - 29 设计阶段 BIM 工作流程

    "中国尊"采用的是"设计总包"模式。在这种模式下，有效填补了传统建设模式中"初步设计—施工图设计"以及"施工图设计—深化设计"之间存在的两条"鸿沟"。对于"中国尊"这样的超高层、超复杂项目，在设计阶段引入施工专家来进行可施工性分析，不仅可以提前发现和解决大量以后会影响工程施工的问题，还可以使很多深化设计中遇到的问题得到提前解决。

    在工程项目的 BIM 应用中，作为项目三个基本参建方——业主、设计方和施工方的应用重点是存在差异的。设计方的重点是建模，而施工方的重点是模型的进一步完善及应用，业主方的重点则是模型管理及信息应用。

    在施工阶段，BIM 管理工作的流程如图 9-30 所示，主要的 BIM 应用场景如图 9-31 所示。

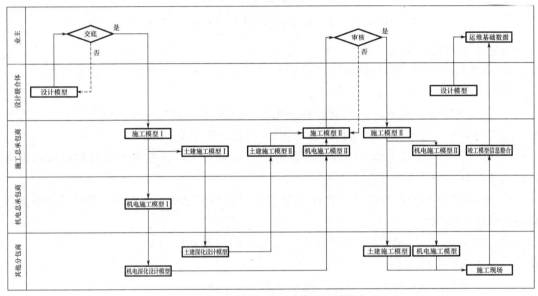

正常数据流—— 审核未通过数据流------

图 9-30　施工阶段 BIM 管理工作流程

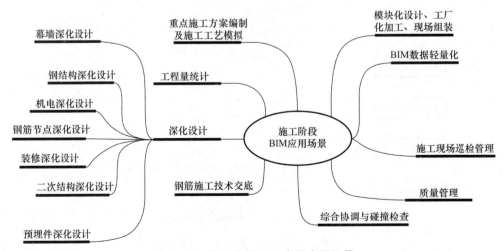

图 9-31　施工阶段 BIM 主要应用场景

在项目施工过程中，依照设计方的巨柱、剪力墙模型，总包单位自行建立了劲性结构中的钢筋模型，对钢筋的设计提出优化建议，并用于现场指导施工。如图9-32所示为某十字交叉节点钢筋三维优化情况。

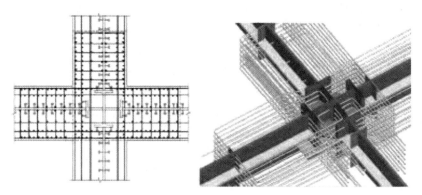

图9-32 钢筋三维优化

"中国尊"大厦项目共有超过30家参建单位、400多人次参与BIM工作，其中专职人员超过120人，范围涵盖土建、钢结构、装饰装修、机电、幕墙、电梯等专业，应用方向涉及设计、建造、采购、质量、商务等领域。通过BIM技术的深入应用，实现了工程的全关联单位高效协作、全专业协同、全过程模拟、全生命期应用。通过以上的工作，明显加快了项目建设进度，缩短了项目工期，降低了建造成本，并为后期的运维提供了基础数据，取得了良好的经济效益和社会效益，主要表现如下。

① 采用BIM进行设计，兼顾造型、节能、环保等多方优势，实现了业主需求。通过BIM审核提高图纸质量，累计下发设计变更及工程洽商等数量仅是同类超高层项目的25%，有效地减少了现场的返工与浪费。

② 通过设计团队、施工团队的协同与优化，全楼共计节约可使用的建筑面积约7000m²。其中，建筑窗台区域一体化风机盘管的使用，共节约面积约4200m²；外框筒巨柱边管道内移至核心筒，原管井缩小，共节约面积约2800m²。由于该项目位于北京CBD核心区，建筑面积的节约无疑为业主创造了巨大的经济价值，带来项目的增值。

③ 施工单位深化设计模型精度高，在深化设计阶段协调各专业排布、全面考虑现场实施的不利因素，提前修改、规避返工或拆改，确保现场能按图施工，保证了工期进度。

④ "中国尊"大厦BIM模型从设计、施工到运维多阶段的传递，保证了大楼的建筑品质及科技含量，在可预见的未来，BIM模型将与BA系统结合，实现智慧建筑的愿景。

⑤ 项目秉承了BIM落地实施的理念，通过各方努力，形成了一条以"中国尊"项目为蓝本，具有可实施、可推广、可创效的高品质总承包施工管理之路。

⑥ 由于目前国内BIM规范体系不成熟，项目总结各参建方的实施经验共同编制了适用于该项目的实施纲领文件，对同类项目的实施具有一定的参考价值和指导作用。

9.5.3 T集团的BIM发展战略与实施

T集团（简称集团）成立于1951年，注册资金7亿元，是某地市属国有大型施工企业，是该地一家大型房地产开发集团的全资子公司（简称总公司），是所在省的建筑业龙头企业。该集团具有建筑工程施工总承包特级及人防工程（甲级）、建筑工程（甲级）、市政公用工程总承包、钢结构、建筑装修、地基基础、电子与智能化、防水防腐保温、消防设施、建筑机电安装等多项专业承包资质的企业。旗下拥有多家全资及控股子公司。

长期以来，集团领导非常关注建筑领域的新技术应用，特别对运用信息技术提高企业管理水平有着浓厚的兴趣。伴随着BIM技术在我国建筑业日益推广应用，集团开始思考如何结合BIM技术提高企业的核心竞争力。

集团的BIM推广应用工作开始于2014年，大致经历了四个阶段，基本情况如表9-9所示。

表9-9 集团BIM推广应用工作进程

阶段划分	时间	工作内容
初步探索阶段	2014年上半年	人员培训；设备购置；试点项目应用
稳定成长阶段	2014年下半年	总结前期工作经验教训；组织、制度建设；制定企业BIM实施计划
快速发展阶段	2015年上半年	完善工作机制；大面积项目推广；平台建设
深化巩固阶段	2015年上半年之后	深化BIM应用；各项制度持续改进及完善

在初步探索阶段，集团从各个部门抽调技术能力强、学习意愿高的精干人员，联合某高校进行了全脱产BIM技能培训，奠定了BIM推广应用的人员基础。在培训过程中，学习重点不仅仅是软件的使用，而是基于企业所挑选的试点项目，结合项目进行有针对性的培训、实操，使得学员在培训结束时就已经初步具备了项目实际运用的能力。培训完毕，以该试点项目的成果作为培训成果考核的依据。与此同时，集团也进行了BIM机构筹建所需要的机构调整、软硬件设备购置等工作。

在试点项目的推广应用过程中，集团领导深刻地感受到：BIM推广应用应该是整个企业的事情，绝不仅仅只是BIM部门的事情。因此，在集团BIM小组成立之后，认真总结分析了前期试点工作中的经验和教训，在开展BIM技术推广工作的同时，将工作重点转移到与BIM推广应用有关的制度建设上来。

集团分析了企业的发展战略及BIM技术的特点，确定了集团BIM推广与应用的目标，即以集团的发展目标、发展战略及各个业务板块的功能与目标为基础，通过优化项目管理流程，结合对BIM的实践工作经验及未来发展趋势的把握，实现企业的精细化管理，对内增强企业的执行力，对外提升企业的核心竞争力。

根据以上的目标，企业确定了以下的BIM应用原则。

① 全面布局，面向基层。

BIM的应用要面向集团的最基层项目部，将BIM应用纳入基层的日常工作中，以

BIM 应用推动基层管理工作水平的提高。

② 统一规划，分步实施。

BIM 推广应用中，按照"统一标准、统一建设、统一管理、分步实施"的基本原则来推进各项工作的顺利开展。

③ 需求导向、业务中心。

BIM 推广应用要以提高员工的业务能力、业务质量和工作效率为基准，使 BIM 成为精细化管理的工具。特别要注重工作的实用性，不能为了 BIM 而 BIM。

根据以上的基本原则，集团确定了 BIM 推广应用的基本思路如下。

① 先模型、后信息。

先将工作重点集中于建立及应用模型，打好 BIM 应用的基础，再综合考虑如何有效运用 BIM 中的信息，特别是实现 BIM 与企业各类管理系统的结合。

② 先有后优。

BIM 应用中不要贪大求全，要从实际出发，先解决有没有的问题，再根据实际的需求推动深化应用。

③ 以点带面。

充分发挥试点项目的带动作用、示范作用，将试点项目的经验传递到其他项目中，最终实现 BIM 的全面落地。

根据以上的工作目标、原则和思路，集团首先选择了组织建设和制度建设作为突破口。集团在原来的 BIM 小组的基础上，通过新建、整合、改造等方式，建立了集团的三级 BIM 组织架构，如图 9 - 33 所示。

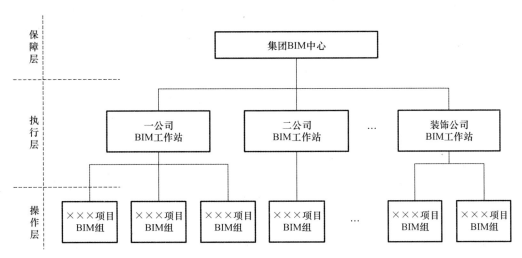

图 9 - 33　集团的三级 BIM 组织架构图

其中，作为保障层的集团 BIM 中心主要负责整个集团公司的 BIM 推广及应用工作，包括建立和完善集团的 BIM 管理体系及制度，如建模标准、审核标准、应用流程、考核奖惩制度等，编制集团未来的 BIM 应用发展规划，组织和实施整个集团的 BIM 人才培训、考核及管理，重大项目的 BIM 应用的组织，与企业其他部门的工作协调，指导各分公司及项目部 BIM 部门的相关工作，集团 BIM 平台建设及相关技术的研发。

具体的 BIM 实施工作由集团各个分公司 BIM 工作站负责实施。各个工作站主要负责本单位的相关 BIM 推广和应用工作，工作的重点在于结合本单位的实际情况，在集团 BIM 中心的指导下，开展相关工作。

作为 BIM 最终落地的各个项目 BIM 组，主要的职责是在 BIM 项目经理的领导下，围绕本项目开展 BIM 应用工作。

为了有效地开展工作，集团将 BIM 人员划分为 BIM 咨询工程师和 BIM 应用工程师两类。BIM 咨询工程师主要是集团及各个分公司 BIM 中心、工作站的技术人员。集团要求他们具备丰富的 BIM 工作经验，能处理各种复杂的工程问题，同时，还要"会教、能带"。其中，"会教"指的是要具备教学能力，能够为基层员工开展 BIM 培训工作；"能带"指的是具有管理能力，可以带团队、做项目。BIM 应用工程师的要求是懂施工，具备较强的 BIM 知识和能力，并能将施工和 BIM 相结合，运用 BIM 技术解决施工中遇到的实际工程问题。该层次主要是工程项目中的 BIM 组人员，参与工程项目部的 BIM 运用工作。

除了专门的 BIM 机构外，集团也对全体工程技术及管理人员提出了与 BIM 有关的能力要求，如要求现场施工员能够在工程中做到"明白过程、知道结果"，不仅要知道与工程有关的 BIM 分析结果，还要了解是如何得出结果，不但要知其然，还要知其所以然，树立 BIM 意识。

在原有的基本 BIM 软件基础上，集团通过对比分析、论证，确定了集团的 BIM 系统建设方案。集团目前主要使用的 BIM 软件如图 9-34 所示。

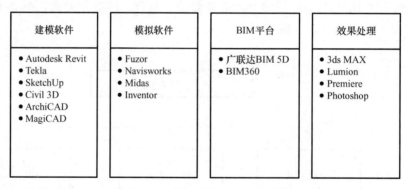

图 9-34 集团主要 BIM 软件方案

由集团 BIM 中心组织各个单位编制了集团 BIM 推广应用策划书、实施方案、建模标准、管理标准、应用流程、专项应用标准、交付标准等一系列的指导性文件（图 9-35），作为集团 BIM 应用的基础性文件。其 BIM 运作流程如图 9-36 所示。

在此选择部分内容进行介绍。如在《建模标准》中对模型文件的命名规则有如下规定。

① 文件名以简短、明确能描述文件内容为原则；宜采用中文、英文、数字等计算机操作系统允许的字符；不得使用空格；可以使用字母大小写、中划线"－"或下划线"_"来隔开单词。

② 模型命名（以 Revit 为例，其他软件系统可以参考）采用"项目名称-区域-楼层或标高-专业-系统-描述．扩展名"的格式，例如"滨海小区－3#楼－18F－建筑．rvt"。

其中，对于大型项目，由于模型拆分后文件数量较多，每个文件都带项目名称会显得

BIM 土建模型标准

编制		日期	
审核		日期	
批准		日期	

修订记录

日期	修订状态	修改内容	修改人	审核人	批准人

参加讨论认定人员：

BIM 机电模型标准

编制		日期	
审核		日期	
批准		日期	

修订记录

日 期	修订状态	修改内容	修改人	审核人	批准人

参加讨论认定人员：

3.2.4 机电模型色彩方案

水专业

管道名称/简称	RGB	色彩参照	管道名称/简称	RGB	色彩参照
热水给水管/RJ 热水回水管/RH	0, 0, 255		污水管-重力/W 废水排-重力/F	0, 255, 255	
生活给水管/J	0, 255, 0		压力排水管/YF	192, 192, 192	
消火栓管/XH	255, 0, 0		雨水管/Y	255, 255, 0	
自动喷淋管/ZP	255, 0, 255		通气管/ T	257, 127, 127	

暖通专业

风管名称	RGB	色彩参照	风管名称	RGB	色彩参照
排风管	257, 153, 0		厨房排油烟	153, 51, 51	
新风管	0, 255, 0		空调送风	255, 255, 0	
正压送风管	0, 0, 255		空调回风	255, 153, 255	
排烟管	0, 255, 255				
送风/补风	0, 153, 255				

暖通水专业

管道名称	RGB	色彩参照	管道名称	RGB	色彩参照
冷冻水供水管 冷冻水回水管	102, 0, 255		冷媒管	0, 0, 255	
冷却水供水管 冷却水回水管	127, 127, 255		空调补水管	0, 153, 50	
热水供水管 热水回水管	0, 153, 255		膨胀水管	0, 128, 128	
冷凝管	255, 255, 0				

第十章 BIM 模型交付与验收

　　通过对本工程的 BIM 规划和管理，在施工过程中实时根据项目的实际施工结果，修正原始的设计模型，项目竣工验收后，同步生成项目 BIM 竣工图，为后续的项目运营管理提供基础。在本工程竣工后，交付给业主的除了实体的建筑物外，还将有一个包含详尽、准确工程信息的竣型建筑。BIM 竣工图为一个全面的 BIM 竣工三维模型信息库，其包括本工程建筑、结构、机电等各专业相关模型大量、准确的工程和构件信息，这些信息能够以电子文件的形式进行长期保存，通过此竣工模型，可以帮助业主进一步实现后续的物业管理和应急系统的建立，实现建筑物全寿命周期的信息交换和使用。

附件一《质量审核表》

质量审核表			
专业			
基本信息			
模型版本		模型制作人	
审核依据			
图纸编号		图纸版本	
BIM 计划		竣工进度	
校核内容			

图 9-35　集团编制的 BIM 指导性文件（部分）

非常烦琐，建议平时不加，只在整合文件夹时才增加项目名称。区域（可选）用于识别属于项目的哪个建筑、地区、阶段或者分区。楼层或标高（可选）用于识别模型属于哪个楼层或者标高。

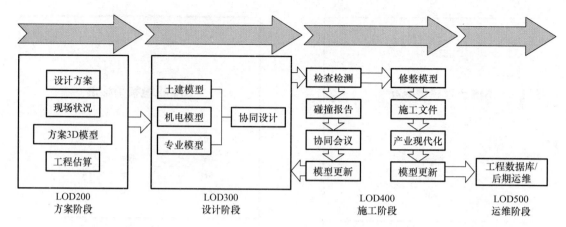

图 9 - 36　集团 BIM 运作流程

楼层的命名采用统一格式，地下为"B＋数字＋F"，如 B2F，地上采用"数字＋F"，如 18F。

专业用于识别该模型文件是建筑、结构、给排水、暖通空调、电气等专业，具体内容应与原有专业类别匹配。

系统（可选）用于区别在各个专业下的子系统类型，如给排水专业的喷淋系统。

描述（可选）用于说明文件中的内容，避免与其他字段重复，此信息可用于解释前面的字段，或者更进一步说明所包含数据的其他方面。

按照《建模标准》的规定，模型构件按照以下规则命名。

① 建筑、结构构件按照"楼层-构件名称-图纸对应构件名称-尺寸"的方式命名，如 1F－柱－KZ1－400×400。

② 机电部分大致按照直管段、管件、附件、设备进行分类。

其中，直管段按照"管道材质-连接方式"命名，如镀锌钢管-焊接连接；管件按照"部件类型-连接方式"命名，如万用-焊接连接、T 型三通-螺纹连接；附件按照"部件类型描述"命名，如防火阀；设备按照"设备名称-编号"命名，其中编号为图纸设计编号，如风机盘管－FP008。

对于各个专业而言，《建模标准》中规定了相应的建模要点。

① 建筑专业要求楼梯间、电梯间、管道井、楼梯、配电间、空调机房、泵房、换热站管廊尺寸、天花板高度等影响后期施工的位置定位必须准确。

② 结构专业建模要求梁、板、柱的截面尺寸、定位尺寸与图纸一致，管廊内梁底标高与深化设计保持一致，遇到管线穿梁需要设计方给出详细的配筋图，需做出管线穿梁的节点。

③ 给排水专业建模要求各系统的命名与图纸保持一致，并按照要求建出管线坡度，各类阀门等按图纸位置加入，管线保温层也应建出。

④ 暖通专业建模要求系统命名与图纸保持一致，影响管线综合的一些设备、末端应按图纸建出，暖通水系统建模与给排水专业建模要求一致。

⑤ 管线综合应在施工图与施工深化设计阶段各完成一次。施工深化阶段应建立相关专业深化的管线模型，对有矛盾的部位进行优化和调整，专业深化设计单位应根据最终深

化的 BIM 模型所反映的三维情况，对二维图纸进行调整。管线综合过程中，若发现某一系统中普遍存在影响管线综合合理布局的，应提交设计单位进行全系统复查。

在建立了相关的组织架构和制度后，整个集团的 BIM 推广和应用工作走上了快车道。首先，通过自主培训及"请进来、走出去"的办法，建立了各级 BIM 组织，在集团普及推广了 BIM 知识。其次，通过狠抓项目落地工作，在集团所承担的项目中全部开展 BIM 实施工作，特别选定了若干个典型项目，作为示范项目开展研究工作，还有多个项目应用成果在国家、省市等各级的竞赛、评比中得到奖励。BIM 的推广应用产生了明显的效益，相关项目精细化管理水平明显提高，效益显著。

同时，在集团 BIM 推广和应用的良好效果支持下，总公司所开发项目的管理水平明显提高，提出了开发项目"零投诉、零拒收"的目标。另外，集团 BIM 推广应用的成果也产生了良好的社会效益，由于集团 BIM 应用的成果显著，因此，其成为所在省、市BIM 联盟的发起单位，主持并参与了省市多项 BIM 标准、规范及实施指南等的编制工作，成为当地 BIM 推广和应用的标杆单位。

随着 BIM 推广和应用工作的日益深入，整个集团的工作开始进入深化巩固阶段。在这个阶段，集团主要围绕着以下方面展开工作。

① 工作机制的调整及优化。

通过前期的工作，集团已经建立了完整、有效的 BIM 推广应用工作机制，并在实际工作中收到了良好的效果。但是，在实际运作中，特别是在和集团的其他部门的衔接中，总是会出现一些矛盾和问题。如何通过对组织、流程、制度、规范、标准等管理要素进行调整，使 BIM 工作机制更加顺畅、有效，是一个值得深入研究的问题。

② BIM 应用领域的延伸。

前期集团 BIM 应用的重点在工程项目的实施阶段，但是，BIM 效益的充分发挥有赖于工程项目全生命周期各个阶段的集成化应用。因此，需要深入开展 BIM 多阶段综合应用的研究工作，从施工阶段，向项目前期、设计阶段以及运维阶段延伸。同时，这也是集团的上级——总公司所迫切需要的。

③ BIM 深度应用拓展。

在 BIM 推广和应用工作中，集团深刻地体会到了"不能仅仅就 BIM 而 BIM"，BIM应用必须与各个专业紧密结合，从工程的需求出发，还要不断通过结合技术的发展，将BIM 与其他先进技术设备相结合，拓宽"BIM＋"的应用。

为了做好 BIM 的拓展应用，在深入挖掘原有 BIM 技术应用潜力的同时，集团斥资购置了大量先进的软硬件设备，不断拓展新的 BIM 领域。图 9－37 所示为集团对员工进行三维激光扫描设备应用的培训。图 9－38 所示为工程技术人员在施工现场使用放样机器人进行基于 BIM 的自动化施工放样。

面向未来，集团高层领导开始思考更加深刻的问题：BIM 系统如何与企业已有的ERP、OA、财务等系统实现集成，如何在 AI 和大数据的时代实现 BIM 的深度应用，如何对集团的管理机制进行调整等。这一切的问题，既是集团 BIM 应用所面临的挑战，又蕴含着巨大的机遇。

图 9 - 37 三维激光扫描设备培训

图 9 - 38 放样机器人在施工现场的应用

本 章 小 结

在 BIM 应用的过程中，首先要制订详细、可行的 BIM 实施计划。实施计划可以分为企业级实施计划和项目级实施计划。在 BIM 的实施过程中，还要注意 BIM 工程师能力及素质的培养以及团队的建设，采用适当的组织架构，设置相应的职位，充分发挥团队合作的作用。除此以外，还应注意与 BIM 相关的合同的管理，为 BIM 的实施提供有力的保障。

思 考 题

1. BIM 实施计划有什么作用？

2. 企业级 BIM 实施计划和项目级 BIM 实施计划的内容分别是什么？

3. 什么是 LOD，不同的 LOD 等级分别有什么不同的要求？

4. 常见的 BIM 应用模式有哪些？各自有什么特点及应用场景？

5. BIM 的应用会对企业的组织架构产生什么影响？

6. 作为 BIM 工程师，需要具备哪些方面的能力及素质？

7. 如何建立企业级和项目级的 BIM 组织架构？

8. E202 和 CD301 合同条款有什么共同点，对我国相关合同文件的编制有什么参考和借鉴意义？

9. 如何分析和评价项目中 BIM 应用产生的效益？

10. 企业级 BIM 应用的重点及难点在哪里？

参 考 文 献

陆泽荣，刘占省，2018. BIM 技术概论．2 版［M］．北京：中国建筑工业出版社．

陆泽荣，叶雄进，2018. BIM 建模应用技术．2 版［M］．北京：中国建筑工业出版社．

陆泽荣，严巍，2018. BIM 应用案例分析．2 版［M］．北京：中国建筑工业出版社．

刘荣桂，2017. BIM 技术及应用［M］．北京：中国建筑工业出版社．

李云贵，2017. BIM 软件与相关设备［M］．北京：中国建筑工业出版社．

袁翔，2017. BIM 工程概论［M］．成都：西南交通大学出版社．

张静晓，2017. BIM 管理与应用［M］．北京：人民交通出版社．

李慧民，2017. BIM 应用基础教程［M］．北京：冶金工业出版社．

汪晨武，晏路曼，2017. 建筑工程 BIM 概论［M］．北京：机械工业出版社．

许蓁，2016. BIM 应用·设计［M］．上海：同济大学出版社．

徐勇戈，孔凡楼，高志坚，2016. BIM 概论［M］．西安：西安交通大学出版社．

金睿，2016. 建筑施工企业 BIM 应用基础教程［M］．杭州：浙江工商大学出版社．

王言磊，张祎男，陈炜，2016. BIM 结构：Autodesk Revit Structure 在土木工程中的应用［M］．北京：
    化学工业出版社．

李建成，2015. BIM 应用·导论［M］．上海：同济大学出版社．

丁烈云，2015. BIM 应用·施工［M］．上海：同济大学出版社．

李邵建，等，2015. BIM 纲要［M］．上海：同济大学出版社．

刘占省，赵雪锋，2015. BIM 技术与施工项目管理［M］．北京：中国电力出版社．

王君峰，2015. Autodesk Navisworks 实战应用思维课堂［M］．北京：机械工业出版社．

何波，王轶群，杨远丰，2015. Revit 与 Navisworks 实用疑难 200 问［M］．北京：中国建筑工业出版社．

廖小烽，王君峰，2013. Revit 2013/2014 建筑设计火星课堂［M］．北京：人民邮电出版社．

黄亚斌，徐钦，等，2013. Autodesk Revit Structure 实例详解［M］．北京：中国水利水电出版社．

清华大学 BIM 课题组，互联立方（isBIM）公司 BIM 课题组，2013. 设计企业 BIM 实施标准指南［M］．
    北京：中国建筑工业出版社．

中国勘察设计协会，欧特克软件（中国）有限公司，2010. Autodesk BIM 实施计划：实用的 BIM 实施框
    架［M］．北京：中国建筑工业出版社．